別讓世界定義你

用5個新眼光開始企畫屬於你的勝利人生

DEFINE YOURSELF BEFORE THIS WORLD DOES IT FOR YOU:

5 Important Things You Need to Do to Take Yourself to the Next Level.

何則文——著

遠流出版公司

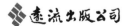

目次

Contents

目次

Contents

附錄

【一封讀者的信】

你好！

我是個平凡的高中生，每天的生活就在讀書跟考試中徘徊，有時候就算很認真讀，最後的結果還是讓人有落空的感覺。

不過我總覺得要面對以後瞬息萬變的世界，這樣是不夠的！那天看到「換日線季刊」本期有你的文章，在閱讀完整本季刊後，我也有很多不一樣的想法。

想請問你覺得現在的學生應該要具備哪些能力，而不只是會讀書，才有辦法應付未來的趨勢呢？我尤其對心理這一方面特別有興趣，那你覺得心理這類的職業在以後的職場能過得安穩嗎？

讀者 雨潔 敬上

雨潔你好！

謝謝你的來信，收到你的信我覺得很感動。

在這裡想先跟你分享我的故事。

高中的時候，我也像你一樣迷茫過。不過你會看「換日線」，應該代表你是個「好學生」。我那時候可完全不一樣了——「這就是個不公不義的社會」，是我高中時候的思維寫照。

會成為這樣一個「憤青」，要從我一歲開始講起，這是個很長的故事……

前言

找到人生的答案

輸在起跑點

出生七個月，我爸媽就離婚了。媽媽撫養我跟姐姐一段時間後，因為經濟實在撐不下去，就把我送回爸爸那裡。可惜我爸是個漂泊浪子，總是神出鬼沒。

那時候已經八十幾歲的老阿嬤，把我帶回祖厝，就這樣開始了我跟阿嬤還有兩個年長姑姑的生活。

我就是給姑姑們帶大的。兩個姑姑，一個小學畢業，一個高職畢業，只有一個有工作。我們住在六米窄巷裡，一幢日據時代就有的低矮磚造平房，我們一起睡在塌塌米上。直到我要升小學，姑姑們為了讓我有更好的生活環境，為了讓我能搬到台北市讀書，於是我們又一起寄住在親戚的房子裡。

我們住在大安區，讀的是明星小學，很多同學父母都是教授、醫生等的中上階層，而我這樣的身分就常常引起注意。

小時候的我曾被同學說過：「你是沒有媽媽疼愛的孩子，所以你才這麼愛鬧事。」

還有一次，一個好朋友（他爸媽都是醫生）突然跟我說：「我媽說我不能再跟你玩了，因為你家有問題，你以後會變成流氓。」

他的這番話使我震驚不已，因為我從有記憶開始，就跟著姑姑們住在一起，從來沒覺得這樣的家庭有什麼不妥。

◆

到了國中，家中唯一有收入的姑姑失業，一夕間全家頓失經濟支柱。就這樣，我們落入了這個社會的最底層。此時經濟上需要親友的幫忙，而我也很不懂事，就是個頑皮的屁孩，很喜歡鬧些蠢事。因此，很多老師也不喜歡我，但這也沒辦法，因為沒人會喜歡一個愛鬧事、霸凌別人的小屁孩。

印象很深刻的一次，甚至被老師當著全班的面說：「何則文，你知道班上有多少家長希望你轉學嗎？」也有老師對著一位跟我一起鬧事、但家境比較好的同學說：「你這麼優秀的學生，為什麼要跟何則文這種人混在一起？」

在台北精華地段的明星學校讀國中，唯一的目標就是考上一個好高中，人生才有前途。但其實我真的不是個很愛讀書的人，有注意力不集中過動症的我，小時候成績起起伏伏，但現在也只好夢想跟風考上個好高中，因為這是當時唯一被教育該去追求的事情。

我果然沒考上明星學府，就只是個普通的社區高中。高中的我或許因為青春期的賀爾蒙分泌，又或者是因為思想得到啟蒙，對這個世界產生了極大的不滿。我很自以為是的認為，「這都是階級的問題」，這世界的不公都是因為上層者的剝削——富有的人把持著資源，貧窮的人永遠不能翻身。

高中的教育仍是成績至上。我愛鬧事又愛玩耍，在這體制下就是個輸家。高中的我身上背著一支大過、二支小過、二十幾支警告，成績考過全校倒數第二，沒事就進出教官室，是個標準的「問題學生」。

那時候我已經失去夢想的能力，只能自暴自棄想著像我這種階級出身的人，或許一輩子就這樣了。可是，姑姑或許是要勉勵我，或許她真的不知道有「學貸」這件事，因此她告訴我：「你如果還想讀書，只能考上公立的，你讀私立的我們真的沒辦法負荷。」不過我自己高三模擬考的成績，六科加起來不到一百二十分，其中三個科目是個位數。我知道，大學這件事情，大概跟我沒關係了。

主動留級，成為人生升級的起點

有次因為一個無聊小事，跟同學在教室後方鬥毆。台上老師只是淡定的說：「你們有什麼事情出去外面處理，不要影響我上課。」我一面抹去嘴邊的血，一面認分地去洗手檯清洗。這時候我的「對手」跑來關心我，或許是要跟我示好，但年輕氣盛的我一個情緒上來又朝他臉揮去一拳。

好死不死，也或許是天註定的安排，在這個關鍵時刻教官剛好走到這層樓，目睹這個對我們而言只是稀鬆平常「小打小鬧」等級的事件。「何則文？又是你？怎麼每次鬧事的都是你啊？你到底來學校幹嘛的？你不想來可以不要來啊！」

其實，我時常去了學校就這樣睡到下午，等最後一節課結束，打個招呼就走了。這次教官也懶得多說什麼，要我自己找家長來處理，大概是要勸說不想讀書就不要來鬧了。

突然，我有種愧疚感。我不敢打電話給姑姑，因為她正努力地到處打零工，努力找工作維持這個家的生活，努力撫養著可以說跟她無關的弟弟的孩子，我卻每天在這裡鬧事。「我真的是個廢物」，當時的我這樣想著。成績不好，身體不比他人強壯，沒有專長，沒有夢想，沒有前途。

我害怕看到姑姑憔悴年邁的臉龐，因此在教官面前寫下了爸爸的電話，想說他來露個面就沒事，反正一年也不會見到幾次，大概也不會罵我吧。罵我也沒什麼，反正罵完回家也見不到面。

我在教官室等著。這種打電話找家長來的場景，對我來說也司空見慣。不料，這次出現的竟然是許久未見的爸爸，還有姑姑。原來，爸爸不知道怎麼處理這件事，於是把姑姑也找來了。

姑姑沒有先罵我，反倒是跟父親一起鞠躬向教官道歉，教官就客氣地請他們到親師懇談室，我則在懇談室外面老老實實罰站。懇談室在樓梯轉角，上下課都會人來人往，在公共場合罰站我也是習慣了。

懇談室的隔音很差，我可以清楚地聽到教官與爸爸、姑姑的對話內容。

「……何則文又打架鬧事了，他之前大小過不斷，如果再這樣下去，我們實在不能擔保他能繼續在這讀書……」教官誠懇又禮貌地這麼說。

一陣靜默，或許姑姑也不知道要回什麼，又或者老爸被嚇到，原來他兒子在外這麼囂張。

這時，打破寂靜的是個聲音顫抖的道歉。「教官，對不起……」姑姑開口了。「……我們沒有照顧好這孩子，讓他今天變成這樣，這是我們的過錯，但是請您一定要再給他一次機會。」在門外我聽得一清二楚，當下真是不知該如何回，我還是第一次聽到姑姑哭泣。

到底在哭什麼啊，一開始我還暗笑他們的迂，這種小事情而已。

「……我對不起這個孩子，我沒有辦法好好養育他，今天會這樣，其實是我的錯……」久未露面、神出鬼沒的老爸竟然也邊哭邊說。

姑姑開始講起我的故事，說我小時候曾經多麼聰明，我們一家人是怎麼走過來的。下課鐘聲響起，人潮在我面前來來去去，我心裡覺得非常丟臉，**不是因為大家看著我罰站，而是我這些日子到底在幹嘛**。在那之前，我總是覺得「這個世界對不起我，讓我受到這麼多不公平的待遇」，直到此刻，**我才知道從來沒有人對不起我，只有我對不起自己**。

我的拳頭緊握著，忍著眼眶的淚水。不久他們三人出來了，姑姑跟爸爸沒有罵我，也沒多說什麼。教官拍了拍我的肩膀說：「沒事了，你回去教室吧，我們就照規定處理，該怎麼辦就怎麼辦，不過你要好好加油啊。」我看著教官，他眼眶竟然也濕濕的。

「好好加油？」這倒是我第一次聽到教官說這種話。

唯有自己，才能改變生命的意義

按照校規，打架鬧事應該是大過一支，成為我在這段學生生涯內的第二支大過。沒想到，最後懲處出來是小過一支。

教官給了我一次機會。或許，我也該給自己一個機會。

高中要畢業了，照理來說我拿不到畢業證書，因為不管學科還是操性，通通都不及格。學校說，只要暑假來上幾堂課補考，操行幫忙加加分，還是可以拿畢業證書；要不，肄業證書至少會給你。

我不想就這樣走出學校，於是拿著申請資料，到了註冊組。

「我要留級，重讀一年。」我跟櫃檯阿姨說。

不知道為什麼學校的職員都認識我。他們七嘴八舌紛紛說：「何則文不用這樣啦，那個幫你處理一下就可以，這年代沒有人在留級的。」註冊組阿姨好像也不希望我留太久。

但我心意已決，還是留級了。我要在這所學校重新開始。

就這樣，我每天都在讀書。而這輩子沒考過第一的我，竟然考了全校第一，因為我知道，或許這才是報答家人恩情的方法，有一次運氣還好到考了北模第十八名，打破學校記錄。在那之前學校最好的成績是六百多名。

我以為我穩上台政，畢竟北模單科超過頂標二十分，對高中的我是值得驕傲的大事（現在聽起來很無聊）。那年學測出來我是六十四級分，相比前年的成績四十幾級分，算是天翻地覆的大轉變吧！

老師問我要不要申請台政，還有機會吊車尾進去。我拒絕了，推甄申請什麼都沒有，因為我想要讀最好的。

這個故事沒有用考上台大成為美麗結局。相反的，因為太過驕傲，自以為是，老天給了我教訓，我的指考成績是連模擬考都沒有得過的超低分。不過這會是失敗嗎？我想，人生只有一件事情能稱之為失敗，就是放棄夢想。

那時對我來說可是個大打擊，因為就算知道要振作，那時候的我仍信仰著「只要考上台清交，人生燦爛又美好」。今天看以前的自己，反而覺得十分可笑。當時我會落寞，只是因為在社會框架底下的分數賽局當中，並沒有取得好成績。不過，真正的原因是我沒有找到屬於自己的目標和夢想，只好將當時的人生，寄託在這場被迫參加的分數競賽裡面。

途中遇見的困難，都成了夢想的最佳養分

十年後的今天，我最感謝的卻是曾經歷過這些事。因為這些，讓我成為今天的我，那個堅忍剛毅的自己。

以前的我，相信的是社會說的：「學生別想太多，考上建北，人生就燦爛美

好」；等上了高中說：「台清交啊！那才是成就啊！」上大學再說：「好好讀書，找個好工作薪水高才能享受人生」。工作的時候，老闆又騙你說：「年輕好好打拚，以後老了才能享福。」退休後，發現沒事做，只等最後邁向死亡，家人朋友哭一哭，過個十年，沒有人再記得你。

這是你想要的人生嗎？我想答案應該是否定的，沒有人想當一個眼前被掛上胡蘿蔔、不停追趕的驢子。

所以該如何突破這樣的窘境？答案就是我剛剛說的，找到屬於自己的夢想，帶來影響跟改變。不管你以後想從事什麼領域，都要為那個地方帶來一些不同。這不一定是要做出什麼偉大事業，就連撿起路邊的紙屑，都能為這個社會帶來改變。

你可以影響很多事情，可能是很簡單的聽別人述說心事，或是對著疲憊的家人說一句我愛你，給身邊的人力量跟安慰。所以不要小看自己年輕，不要害怕未知的未來。

若問，年輕人應該具備怎樣的能力？我不會回答國際觀或專業能力等。我覺得一開始只有兩樣東西最重要：夢想的能力、相信的能力。

一定要學會做夢。當我們有了屬於自己的夢，才能勇敢去追。如果沒有這個能力，就被限縮在社會的信仰裡面，跟著群眾走，眾人說哪個好，就去做那個，而若達不到，反而誤以為自己是輸家。但這樣下去，仍不知道自己真正要的是什麼，仍然是失去自我、失去夢想的一個人。

進一步來說，夢想的能力只對設定目標這件事情有幫助。我們需要的還有相信的力量，要在大家不看好的情況下，持續地相信自我，在絕望中仍懷著盼望，如果因為希望渺茫而放棄，那才是真正的絕望。

0.0001 這個數字，在數列上雖然比起 1，更接近 0，但是它其實仍代表著「有機會」。可是，很多人因為「機會不大」而放棄。這樣的話，失敗並不是機率或環境造成的，而是自己造成的。

有些年輕的人說，自己有個夢想在心中，卻不知道這個夢能不能養活自己，不知道該不該堅持。我老實說，這個問題我不能回答，因為這是屬於大家自己的人生，最終應該是由自己去找到解答。但是我能說的是，你現在已經有夢想的能力，只差相信自己能做到。

還有最後一點：不要害怕挫折，不要害怕失敗，不要害怕受傷害。就好像打電動，如果按一個鍵就全破，誰會買這款遊戲？就是因為不斷的挫敗，最終的勝利才有價值。如果你出身豪門，一路貴族學校，一畢業接掌企業，從來沒受挫過，一生榮華富貴，這種人生說來也無聊吧。

◆

同是年輕人的我，也在尋找這些，但是我並不會害怕。正因為夢想實現有難度，才有價值。我想，「尋找屬於自己人生的價值」，應該是大家共同的課題。所以別擔心，試著去找到你喜歡的領域，透過閱讀、參與、不斷的學習，思考二十年後想成為怎樣的人。堅定相信，鼓勵自己不斷在這條路上前進，找到屬於自己影響世界、改變世界的方法。不要害怕失敗，任何挫折都不是人生的絆腳石，而是墊腳石。

我想，這樣會你就能找到屬於你人生的答案。

第1步

掌握時代趨勢

01

成長，你的名字叫挫折

大多數的人知道我，都是透過我在網路上寫的很多文章，其中許多文章的主題是國際政經局勢，或者歷史人文的小故事。連我很多沒聯絡的童年朋友，到現在還以為我是個周遊列國的旅遊作家，或者專職的部落客之類的。

寫作與閱讀只是我的興趣，我真正的本行是在業界做人力資源工作。

人力資源是一個很特別的工作，不像業務單位可以在前線衝鋒陷陣為公司賺錢，或者生產單位可以實質的產出公司的產品。做人資的就像默默在背後支持公司、為員工提供各種服務的無名英雄。從入職的招募階段，進公司以後每個月的發薪、年節福利，培訓課程、成長晉升，到最後離職的程序，人力資源可以說低調的貫穿了每個人的職涯旅程。

這也是我喜歡這份工作的原因，它有一種「成就他人」的感覺。也因為這樣，我寫過很多職涯發展的文章，尤其是針對大學生的職涯發展。我常常收到許多讀者來信諮詢有關生涯規畫的問題，包含要怎樣找到自己喜歡的工作、怎樣裝備自己成為一個國際人才、要怎麼選擇自己人生的路等。

說實話，我也只是個二十幾歲的年輕人，在許多的資深前輩眼中還是個很嫩的咖，但是面對年紀差不多的年輕人，我依舊不斷努力分享我的所見所聞。

◆

一般來說，人資大概包含四大模塊：人員招募、訓練發展、人事行政、員工關係。

我的工作稍微不同，這四大模塊都會涉及。我帶領的團隊叫做「人資整合行銷」，這是一個嶄新的概念，把嶄新行銷的概念融入了過去感覺比較規格化的人資體系。

這種單位可以說是業界首創，其他公司很少看到類似的編制。我的工作很大一部份是塑造企業文化與形象，透過行銷的手法，把公司當成一個產品，賣給潛在的求職者與公司內的同仁。

我組織過在中國大陸地區的校園招募，平時也在公司裡擔任內訓講師，分享一些前沿資訊。我的這個單位也會辦活動，調和員工之間的關係。因此在傳統人資的各項機能中，我的工作大概就只有跟負責薪酬福利的人事行政比較沒關係。

我所在的公司是一個規模很龐大的跨國企業，在全球五大洲有數十萬員工，這也讓我有機會到各地看看。我的職涯旅程中，曾待過西貢、河內、深圳、北京等城市，現在也常常有機會出差，去印度之類的有趣地方。

每次回台灣的時候，都會有許多學校或者機構邀請我分享，主題大多是青年職涯發展或者國際視野建構。有次《天下雜誌》邀請我到高雄中山大學參與一個論壇分享，有個同學舉手問我：「你對你今天年紀這麼輕就這麼成功，有什麼看法？你會害怕未來可能遇到什麼挫敗嗎？你又是怎麼面對挫折的？」

聽到這問題，我心裡會心一笑，因為我跟台下學生差不了幾歲啊。我告訴他，我完全不覺得我很成功，我只是剛好站在台上而已。說實話，二十幾歲創業或者當到高管的人在檯面上比比皆是，我只是個基層的小主管，帶著一個課級團隊而已。我覺得我唯一做成功的事情，就是翻轉自己的人生——從一個中低收入戶出身的孩子，到一個還算充裕的人生，一步步完成自己的目標，過自己想過的人生。

至於挫折，回首我的人生，從今天的角度看，好像也沒有什麼挫折，因為每一個挫敗都讓我成為今天的樣子，它們都是我人生向前的墊腳石，而非絆腳石。

我在職場一路走來，其實也都跌跌撞撞。我記得在一個很冷的冬日，我的老闆把我叫進辦公室，告訴我公司要改組成立一個新單位，希望由我來領導。這個新單位裡面許多同仁大我十幾歲。那時候我雖然戰戰兢兢，卻也接下了這個挑戰。

我想，令人比較意外的是，接掌新單位的時候，我進公司也才一年多。回想我剛進公司時，甚至被人認為是表現不好的新人。我不是人資背景出身，工作經驗也不多，只能做一些很基層的事情，例如處理出差人員的簽證、住宿、交通等安排，要不然就是幫忙翻譯文件或者協助不懂英語的出差同仁做翻譯，另外還要做一些報表。我這人不拘小節，一開始常常在細節出錯，資深同事常認為我不用心。

我剛進公司半年多，對現狀很不滿，一直想要有突破。多嘴又好強的我，在一次高階主管巡廠的過程中，做了一份簡報，分享我對於公司發展的看法與覺得可行的實際方案。這個事件算是我人生的轉捩點，我的觀點老闆覺得有意思，於是我開始負責起我自己提出的專案，做出了一些成效，接著又開始有機會主導其他案子。職場之路，就這麼慢慢往前發展。

02 從迷茫中定位自己

前面說過，我出身低收入戶的家庭，平時跟著兩個年邁的姑姑一起寄住在親戚的房子裡，從來沒有什麼家族小旅行。原本姑姑還有工作，到了國中，她就失業了。這時我們才遇到真正的困難，常需要親戚資助經濟。

小時候的生活範圍只有台北，家裡連機車都沒有。我國中買過一輛腳踏車，它就是陪著我看世界的夥伴，從台北市中心出發，最遠騎到北投、汐止等。後來腳踏車被偷，也就沒交通工具了。

我國中小的生活範圍就是台北市那幾個行政區，頂多畢業旅行坐著遊覽車去遊樂區。沒見識的我到了高一時還以為，來自基隆的同學都住在荒煙漫草中的透天厝裡。

從國小開始，每每暑假後返校，只能羨慕的聽著同學又出國去哪裡玩了。中學時為了看飛機長什麼樣子，特別跟朋友坐車到桃園機場，親眼看看飛機。要說我那時是井底之蛙，可能還客氣了。

讀了大學離開家鄉，第一次到外縣市生活，卻連怎麼買火車票都不會，大一（距離今天也才不到十年前而已）第一次要回台北，還很害怕一直問同學：車票要怎麼買、要怎麼坐，深怕搞錯……很難想像吧？

還記得，到了南部鄉間的同學家裡玩，同學爸媽開著車載我們在田間馳騁，我看著窗外一大片田地，連連驚呼：「哇！原來真正的田長這樣啊！比課本裡面的漂亮多了！」搞得身旁的同學驚訝又尷尬，怎麼台北人可以這麼沒見識。

我因為常有一種被困住的感覺，所以從小一直對「外面的世界」很好奇，國小就很愛看《國家地理雜誌》——從亞馬遜雨林到阿拉伯沙漠，從紐約大都會到中國偏遠鄉間，這本雜誌就像我的眼睛，帶我到世界各地。

上大學以後，我開始走遍全台每一個縣市。火車、單車、機車環島不知道幾次，也去爬過百岳、游過日月潭、單車環島等等，就是想看看這世界長什麼樣子。

但是真正來到了異國，體驗到不同語言文化的環境，還是大學畢業幾年以後的事情。我因為經濟條件的限制，以前只能透過閱讀來瞭解世界，可是我讀的是歷史，對世界各國在政經軍事的競合與其背後的歷史脈絡特別有興趣，透過文獻跟報導的研讀，建構出了我的全球視野。

大學剛畢業，家裡的經濟情況還不好，姑姑一直希望我能當公務員，給家裡穩定的支持。畢業後果真在霧峰找到中央機關約聘人員的職缺，下班後讀書準備高考。在公家機關的日子很平凡，就是上班下班，處理一些函文，就算加班，也都有加班費，但一般來說很少加班。

我每天坐公車通勤，大概要半個多小時才會到單位。上班第一年年底，寒流來襲，氣溫大概十餘度，我坐在公車上深深的思考：這樣穩定的工作是我想要的嗎？真的考上高考，我大概就一生這樣平順，月領40k，生活是不錯。但是喜歡冒險挑戰的我，真的適合這樣的生活嗎？如果不喜歡，那我應該怎麼辦呢？

我在公車上滑著手機，看看臉書，注意到幾個在大學認識的學長姐正在海外工作，貼了一張在雪梨歌劇院前的燦笑留影。我心裡就有個聲音：要是我也有機會出去看看，有多好啊！

想打工度假嘛，我連存款證明都沒有。我的科系是冷門的歷史學門，雖然也是個國立中字輩學校，但比起台清交成政，又是輸人一點，剛畢業工作不久要直接成為外派的國際人才也真的滿困難。但是我不放棄任何希望，我一直思考：到底要怎麼樣才能完成我的目標呢？

我忖度了很久，後來反過來思考：一家公司會需要怎樣的人才？怎樣才能讓我雀屏中選？我衡量一下當時自己的條件：歷史系畢業，最缺乏的就是語言跟經貿知識，只要能補足這一塊，我就有機會拿到第一步入門的資格。

最後我決定報考經濟部國企班，進修語言跟經貿能力。在大學和國企班的時候組織了一些社團，參與了很多活動，慢慢走出自己的路。在本書接下來的內容裡，我將與各位分享，我如何從一個剛畢業、徬徨不知道未來在哪的年輕學生，到搞清楚狀況，一步步規畫自己人生並且實踐目標。還有，我也想分享一些如何做人生長遠規畫的思考模式與心理準備。

03

這是一個翻轉的時代

階級固化的現象

「悲觀」可以說是近年來台灣青年的關鍵詞。面對停滯的薪資、對青年不友善的職場環境，加上每過一段時間「青貧族」、「厭世代」、「窮忙族」這些字眼在媒體專題中不斷排列組合……這一代的你我，似乎每個人都很悲觀。

「階級固化」也在這樣的環境下成為一個熱門字眼，這是一個純粹的中國用語，在台灣媒體中也偶爾提及，叫做「階級僵化」。這個關鍵詞常常伴隨著M型化社會、貧富差距等概念一起出現，其核心精神就是「窮人想翻身，難了！」

「階級僵化」跟「階級複製」有異曲同工之妙。持這種態度的人認為，「龍生龍、鳳生鳳」。這是一個拚爹的時代，只要你投胎對了，人生就能順利圓滿。人生八成的結果，在精子與卵子結合的那瞬間就決定了！

這個論點據說也有許多研究支持。台大經濟系教授駱明慶，在二〇〇三年曾有一篇研究指出，錄取台大的學生有很高比例來自文教精華區大安區。隔了許多年後，台大學生仍有高比例來自大安區，更有將近一半來自北北基。這個研究被解讀為或許大安區的居民是台灣社經環境中的頂層，自然也容易考上台大。

這種概念跟「馬太效應（Matthew Effect）」也有一定的關係。馬太效應是指科學界的名聲累加的一種回饋現象，最早由美國學者羅伯特．莫頓（Robert K. Merton）於一九六八年提出，出自聖經馬太福音中的一句：「凡有的，還要加給他，叫他有餘；凡沒有的，連他所有的也要奪去。」

「馬太效應」最早其實是一個社會心理學名詞，用來形容一些知名人士的成就跟聲望如同雪球般，越滾越大，他們的機會也越來越多，產生累積優勢。而如果起初沒有任何基礎的人，即便相同成就，都很難被看見。這個名詞後來被廣泛地引用到其他學科上，如經濟學、圖書資訊學等。

因為這樣，許多人認為現在的社會越來越難靠「個人的努力」出頭天。貧富差距也會因此越來越大，貧者越貧，富者越富，那在下層的永不得翻生。

你可以不當那個平均數字

但這是真的嗎？就算是真的，那就代表大家的人生也就因為大環境而被制約了嗎？我們先把階級僵化這件事情擺一邊，來談談一個概念──「數字的概念」。

國、高中考過試的人都知道，「平均」代表著整體的情況。一個班級的國文段考不及格，代表著這個班整體的國文程度是差的。但這個平均數對個體來說，有怎樣的意涵呢？當我們在中學段考後，發現全班平均不及格時，我們會哀號著說「完蛋了我也沒救了」嗎？不會。我們會想知道自己幾分。

那為什麼面對整體經濟情況這種「平均概念」時，大家會把整體跟個體混淆呢？全班平均不及格，你可能是：高於平均、等於平均、低於平均這三種狀況之一。事實上，我們可以努力成為「超過平均」的人，不必被總體環境限制住，不斷抱怨「啊，大環境這樣，我也沒辦法」。

階級世襲不是當代特有

回頭看「階級固化」跟「階級複製」這個一體兩面的議題。有些人高喊：「社會改變了，不像以前的人可以透過努力翻轉人生，現在有錢人更有錢，窮人難以翻身。」從宏觀的歷史角度看（不管是認為歷史是不斷重演的「歷史循環論」，還是人類社會演進是越來越好的「歷史進步論」），這些人的看法都站不住腳。

我們可以先想想：「難道上一代就真的可以完全靠自己努力出頭天嗎？難道上一代就沒有階級僵化跟階級複製的問題嗎？」其實權貴一直都在，菁英階層也一直都會複製。那為什麼我們總是覺得父母輩那一代比較好呢？或許是嬰兒潮世代的他們經歷過戰後重建、全球景氣的復甦與狂飆，世界各地包括台灣都走過那段從殖民地農業經濟轉型到工業製造的時代。

現在世界的經濟似乎停滯了，先進國家的發展靜如止水。少子化、高房價經濟的不景氣，世界政局的動盪，讓這個世代年輕人對未來抱持不可知的悲觀情緒，好像過去急速發展的黃金時代再也不復返。不過，那個黃金時代真的存在過嗎？我們現在又真的生活在一個最悲慘的時代嗎？

階級世襲一直都是人類歷史洪流中根深柢固存在的真實情況。中古封建時代的基層人民可能連姓氏都沒有，更沒有識字接受教育的機會，家族世世代代都被規定只能從事某種行業。許多基層的人是高階貴族的財產，完全沒有翻身的可能。

「變動」才是歷史發展當中唯一不變的大趨勢。過去雖然有「朱門酒肉臭，路有凍死骨」的悲慘情況，但難道沒有「舊時王謝門前燕，飛入尋常百姓家」的興衰輪迴？每個世代都有階級世襲跟貧富差距的情形，然而其反面，「階級流動」也一直都存在，「布衣丞相」在東亞歷史上從來不是特例。

今天才是一個最有可能翻轉的時代

或許，起起伏伏的正弦波比較接近歷史發展。在這樣的過程中，有人失去他的尊貴地位，有人爬上新的高峰。而如果用綜觀歷史的大視野看，相較人類數千年的歷史，今天這個時代的基層人民，反而更有翻身的可能。

更重要的是，今日的知識成本大幅降低，網路時代知識的易達性遠遠比過去高。假設某人沒有機會留學，他依舊有機會在網路上看到海外頂尖大學的開放課程。只要想學習，網路上幾乎沒有找不到的自學材料。這是一個自學的時代。而教育帶來翻身的可能。

我阿嬤出生於日本時代，連國語都聽不懂，一生都活在一個像「異國」的家鄉。教育水準不高的她，只能依附在家庭中，在過去父權體系下努力活著，沒有選擇。

但今天即便一個從來沒有出過國的台灣青年，都可以透過網路自學英日語，考過檢定。不管對設計、攝影還是物理化學有興趣，網路都有資源可以找。這樣說來，今天真的是一個可悲的、禁錮年輕人向上發展的階級固化時代嗎？

所以，是什麼在限制我們？

出身只代表一個事情，就是起點。含著金湯匙出生的人，他們的起點比起我們這些普通人要有利很多，或許他只要有常人的智力，跨出一小步，就能達到很大的成就。但那是他的人生，他也有自己要面對的現實跟煩惱。

我認識許多出身不錯的朋友，他們沒有辦法選擇自己的未來，從小就被送到海外接受教育，為了家族世界做接班準備。或許他有個藝術夢、有音樂夢，但因為當他出生時他的人生已經被決定了。我們是普通人，比起他們，我們更有機會追求自己想要的人生。我們不應該因為別人的遭遇或者大環境的局勢，而限制了自己的可能。因為那樣真正限制你的，不是這些外在事物，而是自己。

「階級」本身就是個想像的概念，這個時代的階級不能像古代用貴族血統畫分，只能用經濟水平來衡量。那怎樣算下層，怎樣算上層？一個月入數十萬的草根夜市攤販是下層階級嗎？一個負債累累將近破產的大企業家又是上層嗎？

過去的人們一直希望透過努力去跨過「階級」的藩籬，但老實說當代的根本議題不是階級問題。相較於過去，這個時代的階級概念早就模糊了。

大家真正要的是什麼？大家只是想過更好的生活，過自己想要的人生，完成自己的夢想而已。所以你不應該問「階級」是什麼（因為某方面來說階級根本不存在），而是應該問：屬於你人生的夢想是什麼？

階級不應該也不會是個問題。我們奮鬥的意義，不應該是參與「階級遊戲」。每個人奮鬥的意義，應該要有所不同。每個人都要自己賦予自己人生的價值跟使命。

所以，你的出生只代表一件事情，就是你的「起點」在哪。起點在哪跟你人生要走到哪其實是兩件事情，因為起點跟終點是兩個獨立的概念。或許因為你的出生環境，讓你離你的終點比較遠，但那只代表，你要走更多的路途才能到終點，不代表你達不到。

現在的問題其實是：大多數的人根本不知道自己的終點在哪，自己認為被現實綑綁住，不敢勇敢地規畫自己的人生，不敢勇敢地描繪藍圖。所以我們應該把目光從外在的不可變因素轉回自己身上，問問自己真正想要什麼？這一生想完成什麼？

你才應該成為你人生遊戲的規則制定者，不被所謂的主流價值觀影響。你想成為怎樣的人，想做怎樣的事情，跟這個社會無關，也跟你的出身無關，沒有人可以侷限你的可能。所以別被耍了，勇敢去築夢吧！你才是自己人生真正的主人。

04 以創新走出人生新局

二〇一七年十二月《財富》雜誌在廣州舉辦全球論壇，中國首富阿里巴巴主席馬雲在演講中表示他沒有一天能睡好，深怕在這個快速變動的時代，一沒跟上發展趨勢，自己的公司就被淘汰掉了。

馬雲的恐懼引起許多輿論關注，他的說法是有很多迴響的。畢竟當今世界變動實在太快，可能三、五年之內，原本的產業巨頭就應聲倒下，原本不知名的新創卻一躍成為行業霸主。

我們熟知的柯達、百視達、諾基亞都是在這種浪潮下消逝，而也有許多新人崛起。例如曾經說過「站在風口上，豬也能翱翔」的小米創辦人雷軍，就在短短幾年把小米帶入世界手機品牌的前五強。

不論是政治還是經濟，「變動快速」才是目前世界的真正趨勢。想想兩年前菲律賓才因南海問題與中國爭得面紅耳赤，不料在二〇一七年的東協峰會上，中國跟菲律賓反而成為鐵桿好兄弟了。局勢變換翻臉比翻書快，也是青年應對世界的重要課題。

小齡的故事：三步驟讓她領先

而面對這樣多變的世界，到底該如何自處呢？難不成只能每天祈禱自己的公司不要成為倒下的巨人？還是說，我們可以專心增加自己的能力，即便未來公司垮了，還是可以用自己的專業能力繼續在競爭的職場中生存。其實，你不用特別去找出風口，你可以成為創造潮流的人。

要實際做到上述，只需單純地把創新的種子跟概念放在心中。你不用創立一家公司去改變整個世界的經濟模式或生態，你只要學會如何在自己所在的地方種下創新的種子，就有機會開花結果，讓你成為創造價值、創造潮流的那個人。

許多書籍都會告訴我們企業要如何創新、要怎樣透過新的模式與產品或服務來抓住顧客的心，在行業取得領先的地位。這樣的理論其實也能套用到個人的層面來應用，進而創造價值。以下有三個不錯的步驟，可以參考。

一、**找到問題、確定目標**：創新這件事情，簡單的說就是「用新的方法解決舊的問題」，所以它不只是企業要推出新產品時必須運用的思維，更是個人在職涯上必備的思維模式。

透過創新，我們能夠「創造出價值」，這個價值的出現，是因為我們解決了問題。所以，觀察現況是第一步，透過觀察現況找到痛點，也就是目前公司運作或個人正面對的問題，並以「使事情簡單化、方便化」作為此時我們思考的依歸。

小齡是我在職場上學習的對象。她是一個研究所剛畢業的學生，進入了一家科技廠負責教育訓練。因為剛入行，她只能做很簡單的事情，就是規畫課程、聯絡講師、安排教室、通知同仁課程資訊、收取報名訊息、製作簽到表、跟課、撰寫課程檢討報告等。

這過程中小齡發現，報名階段需要花最多時間。當時她服務的公司是用電郵信箱處理報名事宜，也就是由小齡發信件通知同仁有哪些課程，要報名的同仁就回信給小齡統計。這件事情行之有年，大家也習以為常。

但小齡卻覺得很不開心，她覺得自己讀到碩士，怎麼會做這種國中生都能做的事情呢？她覺得這種沒有效益的行政工作耗費太多人力，本身就是個問題。因此她開始思考要怎樣解決這個「問題」。她的目標就是：讓這個產值低的「回信統計」不要占用她太多時間。

意識到問題，就是創新的起點；而解決這個問題，就是我們的目標。

二、**盤點資源**、**規畫策略**：小齡開始思考，有哪些資源是可以幫助她解決這個問題的。她可以選擇叫各單位助理統計完再彙整給她，這樣她的業務量減輕了，不用一次應對所有人，有時候還怕信件多遺漏了。但是這沒有真正解決問題，也不是用創新的思維跟模式去看痛點。

所以小齡開始盤點，到底有怎樣的資源可以幫助她解決這個問題。問題的核心在於「用人工去計算、應對」這件事本身就是很麻煩、很耗時間的事情，如果能夠減少人力勞動的投入，她就能有更多時間做其他事情。

最後她想到可以請ＩＴ單位幫忙，設計一個簡單的程式，讓員工收到信件的同時蹦出一個視窗，詢問員工是否要參加這個課程，接著可以直接點選確認。點選確認之後，有意參與者的資料就會回傳系統，自動彙整成表單。這樣就能省去中間她要來往花時間統計的部分。

但這不是一蹴可幾的。她知道有那些資源可以利用後，接下來必須規畫策略。ＩＴ部門的人願意為她做這件事嗎？她並不認識ＩＴ部門的人，就算認識，他們難道就有空閒的時間願意幫忙嗎？這會不會需要涉及到要告知雙方主管，或者成立一個專案小組執行？小齡思考了這些問題，發現每個節點都要規畫出執行的策略與步驟。

三、**挑戰傳統、放手去做：**最後都確定好ＯＫ後，小齡勇敢地向她的主管提出改善方案，說明這個專案執行後能為公司省下的成本與創造的效益。這樣的提案很獲得主管的賞識，就讓她放手去做。最後她順利建構了一個教育訓練的報名系統。

小齡不只自己省下時間，讓自己能做其他更有意義的事情，也獲得主管的青睞。而這整件事情的起源就在於「對於現狀的不滿而思考解決方案，勇敢挑戰既定的傳統」。創新其實不一定要研發什麼革命性的產品，像小齡這樣簡單在公司提案改善，就是創新的具體展現。

這是一個真實的故事。小齡後來短短兩三年就晉升主管，三十二歲就成為公司大陸與海外地區最高人資主管。她當年進入公司第三個月，單純因為覺得做的事情很愚蠢想要改變，這就成為她創新的起始點。

她其實就是我的老闆，我也是遵循著她的教導而前進，自己提出了創新的方案，而有機會被老闆看見，獲得晉升。

創新也不是一個很新穎的名詞，人類歷史的演進都是靠「創新」這兩個字推動。所以勇敢的去思考目前遇到的問題是什麼，或者主動去找問題，看到過去的人沒看到的痛點，想出方案解決，就能創造價值。

小島上的三個人

在小島上有三個原始人阿明、阿毛、阿志，這三個人每天都只要捕魚一次，就能滿足他們一日所需。這樣的模式讓他們都能活得很好，每天的時間都只能花在打魚，也安於這樣的「傳統」很多年。

有一天阿明覺得這樣的人生太無聊。他想起有次捕魚看到一群魚被困在打結的海藻中，他心裡就想，如果我一天能夠捕兩條魚，豈不是第二天就不必打魚，可以做其他事情了嗎？因此他靈機一動，想要仿效打結的海藻，做出一個可以捕魚的網子。

這個網子花了他好幾天，讓他沒有時間打魚，他只好餓了幾天肚子。做好以後，現在他一天能打兩條魚，他的生產力提高了，他也有更多時間做其他事情。他甚至可以用多出來的那條魚作為資本，叫阿毛跟阿志為他提供勞動服務，成為雇主。

從這個小故事我們可以知道，創新這件事情的本質在於「不安於現狀」，想要利用改變帶來效益。至於如何思考創新，我們可以很簡單地把焦點放在怎樣讓事情更省力、省時。許多人類文明上的創新都是根據這樣的思維而來，就是希望讓事情更方便。

當你在工作上發現不方便或者很愚蠢的流程或制度，那其實是一件非常棒的事情，**代表你可以透過找出解決方案，帶來創新的改變**。而解決問題就是創造價值的根本，過程中組織內的長官就能看見你，你也能有更多的可能與機會。

我們如果把自己假想成一家企業，那我們的顧客其實就是主管跟公司，我們為他們帶來服務與價值。把主管當客人，試著提供讓他更省力的服務，而不是只是領固定薪水做固定業務。透過創新帶來改變，等到未來人工智能更發達、大數據的科技浪潮使得機械性工作減少的時候，你就不用擔心自己會被取代。

同時如果在生活中，你也發現什麼不方便的麻煩事，從而想出可以具體改進的方法，那就是你創業的一個利基點。所謂的創新的思維，可以說是在當代社會想要爬到更高層次的一個根本要件。我們每一個人都必須要有創新的想法，所以在日常生活中要不斷的動腦：有沒有什麼事情是可以更簡化，好讓大家都更方便的呢？

而它也不是很難的事情。現在是網際網路的時代，透過外部資源解決問題是很常見的。許多 App 創業的人根本不懂程式設計，他只是有個想法跟商業模式在心中萌發，然後提出來告訴別人，獲得支持，最後成功。所以即便你不懂怎麼具體的執行解決方案，你也可以提出你看到的問題，以及你認為可行的解決策略。

現在，你可以思考：自己在工作或者生活中，遇到覺得最討厭的事情是什麼？有沒有什麼方法或模式，可以改變那些討厭的事、討厭的流程、討厭的體制？而這個解決問題的方法，就會是創新，就能讓你成為創造出眾價值的那個人。

05

斜槓崛起的真正意義

創新會連結到另一件事：斜槓。

青年創業在互聯網時代已經是趨勢。在美國的矽谷，年紀越大反而越不吃香。幾乎每一、兩年就會有新的新創模式出現，改變你我的生活。在我們南方的鄰居，也有不少青年創業的成功典範很值得分享。

擊敗 Uber 的東南亞叫車軟體

東南亞此刻最夯的叫車軟體，不是大家熟悉的 Uber，而是一個由大馬華人青年陳炳耀（Anthony Tan）在新加坡設立的 Grab。

這個新創獨角獸目前已經成為東南亞的電子商務巨頭，獲得新加坡政府淡馬錫基金的投資，其後又不斷吸引各方資金，包含滴滴出行、軟銀及本田汽車都相繼支持他們，展開合作。除了叫車服務外，Grab 更將觸手深入支付、通訊及其他應用領域。

二〇一七年，陳炳耀更宣布將在印尼初期投入七億美金，計畫在二〇二〇年之前讓印尼脫胎換骨，成為東南亞最大數位經濟市場。這項舉動證明 Grab 把自己定位於超越叫車軟體的新創公司，目標是成為東南亞的阿里巴巴與騰訊，欲從結構上翻轉東南亞這個數位金融的處女地。

Grab 看好東南亞行動支付是一片空白處女地，更趁勢推出 GrabPay，讓大多數沒有銀行帳戶跟信用卡的東南亞民眾，可透過便利商店購買點數或電話儲值的方式取得便利的行動支付。他們更計畫推出其他數位金融服務，終極目標則是改造東南亞數位生態。

創辦這個可稱是「東南亞阿里巴巴」的電子商務巨頭陳炳耀，年僅三十幾歲。

他原籍馬來西亞，家裡經營汽車事業，就讀哈佛商學院時，因為同學一句：「你知道在馬來西亞招一台計程車有多難嗎？」而萌生這個類似 Uber 的創業想法。他在二〇一一年哈佛校園的創業競賽中提出這個計畫，獲得第二名，隨即獲得許多天使投資人關注，隔年便在新加坡成立公司。

他的這個 App 跟 Uber 相似，卻在東南亞痛擊 Uber。使用者可直接在介面上選擇不同車類：摩托車、計程車、嘟嘟車、自小客車，地圖就會顯示目前在附近的車輛距離與數量。選擇起點跟目的地後，不只會跳出固定透明價碼，更會自動選擇最快速路線供司機參考，讓許多外地客可免於被坑騙的情況。

Grab 深刻瞭解東南亞文化，除了結合東南亞各種特有交通模式外，又深知東南亞數位金融仍在開拓階段，大多數人沒有行動支付（銀行帳戶跟信用卡）的基礎，無法使用 Uber。為了服務這些人，Grab 特別加入現金付款的支付方法。這個舉動非常貼心。正因為 Grab 深知東南亞當地文化面貌，才推出這麼貼心的服務。也因此使得 Grab 成為東南亞民眾的首選。

在越南，做家事是月營業額三十億元的生意

台灣有許多年輕人在外獨自租屋居住，或者雙薪家庭夫妻都要外出工作，因此做家事這件事情就變成了一件麻煩事。在加班地獄裡，回到家都已經很晚了，哪有力氣做家事呢？

可是，如果你是住在胡志明或河內的青年或家庭，現在只要打開手機滑兩下，就能一個按鍵讓家裡清潔溜溜。

這不是什麼妖術，也不是什麼萬物互聯的次世代高科技，而是一群越南年輕人的創新創業成果。二〇一八年夏天在越南峴港舉辦的 SURF 創新創業競賽中，來自全越南三十三個團隊經過激烈競爭，最後由 bTaskee 奪下大獎。

bTaskee 初始投資只有二十萬美元，經過兩年的運作，現在公司每月營業額超過三十億越南盾。這是一個怎樣的 App？為什麼甫推出就大受越南城市階級歡迎？

這群青年的想法很簡單：繁忙的社會中，越來越多家庭需要聘僱家事傭人，幫忙照料家裡。但是在越南的家庭幫傭每個月薪酬大約是七百到八百萬越南盾，折合

台幣約一萬元左右，許多普通家庭負擔不起。同時間，家事協助的需求卻又不斷提高。

胡志明市人資勞動力市場預測中心副主任陳英俊（Tran Anh Tuan）估計，胡志明市需要大約一萬名家事幫傭，而這個需求在未來會不斷成長。

假設在河內和胡志明市的三百五十萬戶家庭中，只有百分之十需要雇傭幫傭，每月平均預算是四百萬越南盾（約台幣六千）。這樣的話，光是家事幫傭在這兩個城市的市場已經達到一萬四千億越南盾（二十億台幣）。不過這個市場卻由於越南嚴密的勞動法雇傭規定，加上工作者的勞務不穩定，導致家事幫傭人力一直供不應求。

即便是聘用臨時的清潔服務，也需要五、六天的找尋時間，時間上很不經濟。bTaskee 創辦人黎國明（Le Quoc Minh）就看到這樣的機會，在二〇一五年創辦了 bTaskee 這個創新 App，只要登入，家事清潔就像叫台 Uber 一樣簡單。

進入介面後，可以選擇你要的服務：需要清潔幾間房間、需不需要工作者自己帶掃除用具、要打掃幾個小時……等。整個服務最低每小時四萬越南盾（約台幣六百元）。開出條件跟地址，匹配後會有掃除阿姨的名單列表，在上面可以看到客戶評價跟經驗。這個 App 大獲好評，給予了家事工作者與需求雇主雙方彈性。

平台經濟來臨，傳統體制崩解

以上兩個故事，不是要請你趕緊去研發一個實用的 App 發大財，而是點出目前時代趨勢的一大關鍵——平台化經濟。

從我們有記憶以來，上一輩都是在企業裡全職工作，這種概念是建立在企業長期穩定發展的假設下，而日本的終生僱用制則是這個體制的極致展現。

但隨著世界科技與經貿局勢急速的變動，任何一個企業在發展上都很難如航空母艦般平穩航行，反而像是各自漂泊的小船，在驚濤駭浪中險象環生。

今天的企業霸主，可能過了一年就破產出售；昨日的新創小公司，也可能用短短幾個月爬到業界高峰。環境變化的速度之快，甚至出現了「不穩定」（Volatile）、「不確定」（Uncertain）、「複雜」（Complex）和「模糊」（Ambiguous）的「VUCA

世界」新詞。

隨著平台化經濟的興起，越來越多的服務可以在平台上獲得滿足。比如企業現在需要廣告文宣的設計勞務時，並不需要跟廣告公司接洽，許多網站已經成為平台，讓企業在網路上開出需要的條件，由設計師自己投稿供企業比稿。平台讓雙方的資訊獲得成本降低，也提高了效率。

這也讓越來越多企業開始把業務外包。網際網路的發達讓各種平台運應而生，上面提到的 Grab 跟 bTaskee 都是平台經濟的體現，而這些不是特例，我們熟悉的淘寶、Uber、甚至到每天用到的臉書，都是平台的概念。

平台模式讓外部資源更容易導入跟獲得。以 bTaskee 為例，你再也不用聘請每個月都要付薪水的阿卿嫂了，在該平台上你可以獲得更迅速、便宜而有彈性的服務。同樣對企業來說，也能節省很多人力成本，不用養太多人。種種情形，都使企業的重心從如何培育人才，轉往如何從外部獲取資源（亦即出現了由內轉向外部的趨勢）。

追求真正的斜槓

而這些外包工作的增加，也就讓更多有能力的人有機會「兼職」，利用空閒時間提供服務，某種程度成為自雇者。這也造就許多身兼多職的「斜槓青年」出現。

斜槓青年（英文稱 Slash）就是新就業趨勢下興起的一個概念，來源於《紐約時報》專欄作家瑪西．阿爾伯（Marci Alboher）撰寫的書籍《雙重職業》（One Person/Multiple Careers: A New Model for Work/Life Success）。要解釋斜槓青年很簡單，假設人家問你：「你是做什麼的？」你必須要使用「斜槓」時，你就是一個斜槓青年。

假設你認識了一個新朋友史蒂芬，他告訴你他是「外科醫師／平面設計師／程式設計師」，而且他的年紀還算個青年的話，那他就是個標準的斜槓青年。這是一種全新的定義方式，年輕人開始透過發展自己的興趣愛好，成就個人的第二事業。

這種趨勢讓越來越多年輕人不再是為了生活而工作，而是用工作來實踐自己的理念跟興趣。斜槓青年不同於傳統的 SOHO 族等接案工作者，許多斜槓青年仍有一份正職，為一個企業或組織機構工作，只是用下班後的時間發展其他的專業能力。

◆

斜槓本身並不是兼差，有很多份工作不等於斜槓青年。如果今天有個人說他是「Uber 司機／工廠作業員／餐點外送員」這雖然完全符合平台經濟、零工經濟的概念，但這很難說是一個「斜槓青年」，**因為斜槓青年不只是「多重收入」，多重收入是結果，而其根本的出發點是「多重人生」**。

因此一個人可能是「公司職員／劇團演員／馬拉松選手」，這幾個詞都是一個身分，而且目的不一定都是為了「增加收入」。許多斜槓青年的其他身分甚至沒有收入，更多的是因為「興趣」與「愛好」，創造的價值不一定是現金。「斜槓青年」本質是讓生活不只是為了賺錢，更有機會結合愛好與生活，發展出多元適性的人生。

所以絕對不要「為了成為斜槓青年，而成為斜槓青年」，那可能最後只是變個差活很多的打工仔。我們應該追求讓自己的人生有更多可能，以喜愛的事情創造價值。這樣才能貫徹斜槓的精神。

有了這樣正確的觀念以後，就可以回過頭來重新思考自己喜歡的事情是什麼？喜歡打電動嗎？你或許能成為一個專業的遊戲評論員。喜歡藝術嗎？下了班繼續創作吧，也許有天可以辦個人展。而你這些喜好，可以透過斜槓青年的模式，營造個人品牌，深入社群發展，自我經營定位，最後說不定會成為有產值的事情，讓自己人生更豐富。

重點是，你可以不只是現在的樣子，不只是上班下班，而是有機會去完成你曾經夢想過、過去卻被生活綁住無法實施的。根本上，斜槓青年是人生觀念上的轉變——「你可以不只有一個人生」。

◆

斜槓青年不同於兼差，一大關鍵就是因為有變現的概念，可以是「知識變現」、「流量變現」、「粉絲變現」等等。**簡而言之就是把你腦袋裡面的知識技能變成實**

質的收入金流或其他價值，這就跟一般的兼差有根本性質的差異。因此斜槓青年的多重職業，在這時代常常會跟「網際網路」掛勾。

這是因為平台／零工經濟的趨勢，隨著網路的不斷發展，越來越多平台崛起。平台的核心價值就是在於「連結」，比如谷歌是資訊與資訊，臉書是人與人的連結，阿里巴巴跟亞馬遜這種則是商業與商業間的連結。這種些平台讓知識／技能，不一定要透過傳統雇傭模式來觸及到企業。

也就是說，一個企業／組織／個人可以透過各種平台，找到擁有技能的人，以專案的形式滿足需求，這就是零工經濟的運作方式。比如說你是一個從事財務領域工作的，但是因為本身有平面設計的技能，就可以在各種平台接案，用閒餘的時間來創造額外收入，讓「知識變現」。

除了平台經濟的概念外，「網紅經濟」也是斜槓青年的一個時代背景。網紅我們都知道，或許是拍搞笑影片、專業知識分享等，他提供了一般大眾娛樂上或者知識學習上的可能，吸引了追蹤的粉絲。這個網紅自帶粉絲／流量的特質，也是一個可以變現的能力。

五個發展斜槓的關鍵

因此斜槓青年的本身，除了多重職業外，更有「領域上專業」以及「建構於社群」的意味隱含在其中。想成為一個斜槓青年，很難短時間一蹴可成，困難的點在於「專業技術」的養成不是兩三天就能建構的。

如果假設本來就有長期的興趣與專業，那就可以順勢發展，但如果當下還沒有特殊的其他技能與專業，那可千萬不要為了成為斜槓青年而勉強。不妨先回過頭思考自己到底喜歡什麼、想要什麼，並從以下幾個角度來思考。

一、**瞭解你的定位**：許多時候斜槓青年就像個體戶，要把自己當成一家公司來經營，你就是老闆，你也是產品，更是自己的經紀人。你要制定一個屬於自己的行銷計畫，而這個計畫的首要就是知道自己的目標客群在哪、能提供怎樣的價值、自己在市場上的定位又是如何。可以試著為自己寫一份企畫書，組織化你的斜槓青年策略。

二、**不要荒廢本業**：斜槓青年通常仍會有一個固定收入的本業，例如是在一間公司做正職。斜槓青年雖然代表了多重職業與收入，但背後也代表了各個身份的妥善平衡。如果今天為了斜槓之後的另一個身分，影響到了本業的身份，那其實是本末倒置。斜槓的概念是個人價值的加乘，而非相減，所以如果為了成為斜槓青年而影響到正職工作，那反而得不償失，要做出調整。

三、**搭建個人品牌**：這是平台經濟的概念，有知識／技能的青年可以透過各種平台，更容易跳過傳統雇傭模式去接觸到客戶。另外一方面這也代表，委託方也有更多選擇。隨著斜槓青年的趨勢發展，競爭者會海量增長，因此怎樣在領域內脫穎而出，個人品牌的建構跟經營就是網路時代的重要課題。

四、**進入領域社群**：個人品牌建構必須要做出精準行銷，如果沒有在對的人心中建構出這樣的品牌，那就失去了效益。舉例來說，你的斜槓之後想增加「商品攝影師」，你努力在自己的同溫層做營造品牌，擺出很多練習作品，可惜你的同溫層都是親戚跟臭宅同學，那就沒有辦法為你招來機會。因此進入你專注的那個領域，才能達到準確的行銷，同時與領域內其他菁英交流。

五、**自己主動出擊**：想要讓合作對象自己找上門，除非自己已經累積了相當的名聲跟粉絲，否則很難。因此在初入領域時，可以像個業務一樣，主動地向可能的合作對象推廣自己，介紹自己擁有的技能／知識。在這個扁平化的時代，人人都有社群帳號，方便我們找到對的人，向他主動介紹自己，或者主動提出可能合作方案。

第2步

建構行動清單

06

不可思議的認同效應

「你終究要選擇自己的道路，別讓任何人決定你是誰。」在奧斯卡最佳影片《月光下的藍色男孩》當中，這句是同時身兼同志、黑人、貧困家庭出身的多重弱勢主角——席隆，從他人生第一個導師、毒販胡安口中聽到的話。

我們一生中常被誤解。或許家人、朋友、老師乃至於整個社會都給你下了一個錯誤的定義，試圖框限住你人生的發展與可能，試圖用你的家庭、畢業的學校、出身地域，甚至外表去定義你。他們想告訴你：「你就是這樣了！」你好像只能被侷限在社會的價值體系下掙扎向前。

但這是真的嗎？

你對自己期望高，你就會變好

美國知名社會心理學家史提爾（C. Steele），專門研究刻板印象對於個人發展的影響。他在《韋瓦第效應》這本書中提到一個著名實驗：科學家請兩群白人學生打高爾夫，沒有特別抽選，兩組人的體能、背景都是亂數挑選。

不同之處在於，科學家告訴其中一組人：這個實驗是要測量白人的運動天分水平。另一組則什麼也沒說。

「被告知實驗目的」的這一組學生，成績竟然比起另外一群單純找來打球的低許多。史提爾認為，這就是刻板印象的標籤造成的影響，因為美國整體大環境認為白人體育細胞不如黑人，「被告知實驗目的」的那一群學生，受到刻板印象暗示：自己或許體育天分不夠好。

簡單的話語暗示力量，竟然可以影響實質層面！從這個實驗可看出，社會的價值體系有可能內化成你我心中的一種制約，並且以一種負面的、限制潛能的形式表現出來。這個實驗暴露了一個根本的問題：學生其實沒有察覺到，自己的潛能竟然會被這種價值體系與刻板印象所限制住。

別人對你期望高，你也會變好

另外一個社會心理學的著名期許效應是畢馬龍效應（Pygmalion Effect），源於一九六零年代兩位哈佛大學心理學家的研究。「畢馬龍」代表的是美夢成真的人，他本來深愛雕刻，期待自己的作品有天能成為真正的人，最後獲得天神應許，讓他的雕刻作品變成真人。

這個實驗中，兩位教授告訴學校裡一群一到六年級擔任對照組的孩子說，要對他們做智商測驗；然後告訴實驗組的另一群學生說，他們擁有較高的智商及潛能。其實，對照組和實驗組都是亂數分配。然而那些「被資優」的普通小孩，一年後竟然成績都大幅提高，且智商測驗的分數也勝過對照組。

科學家發現，這個「小謊話」竟然讓教師跟學生還有家長都「相信」自己的孩子擁有高人一等的智商及潛力，連帶願意投入更多資源照顧孩子或設計更精深的課程，而且願意花更多時間在這些孩子身上。

在這樣的期許效應下，許多原本資質普通的孩子，也因為這個美麗的誤會有了自信。後來畢馬龍效應被廣泛應用在其他領域，例如管理學。

你可以採用「自我肯定」的練習

兩位史丹佛大學的學者也做了一個實驗，想要對抗外在標籤造成的影響。他們認為，當人的自我形象受到威脅後，應該讓他退一步，透過「自我肯定」來修補刻板印象帶來的自我懷疑。

他們於是找了一些七年級的學生，請他們寫一封給自己的信，內容必須用正面、積極的方式，闡述跟定義自己認為人生最重要的三個價值。寫完後彌封交給老師，並定期追蹤，要他們寫新的信給自己。

透過這個自我肯定練習，短短三周後，參與的學生在學習成效上出現了大幅進步。而沒有做這些肯定練習的同學，卻因為其他學生的進步，而顯得名次後退了。

兩位學者認為，這個實驗代表的是，學生在自我肯定的過程中，開始專注在自我內部價值的實踐，從而忽視了外在的刻板印象、社會貼的標籤等負面訊息。學生們也暫時忘了社會階級帶來的不公平，反而專注在自我的進步上。

這是一種探詢自我的過程，這種過程能有效減少對自己的懷疑跟焦慮，梳理自己人生的大方向跟目標。

07 別讓他人定義你是誰

前面那章提到的三個心理學故事都是要告訴我們：只有一個人可以限制你的可能，那就是你自己。同時，也只有一個人可以對你的人生負責，那還是你自己。

你就是自己人生的編劇、導演兼主角，只有你能真正的影響你的人生走向，其他外界的，都只會變成你的藉口而已。

或許你覺得這些都太打高空，不切實際。那我不妨說說我的故事。

編、導、演出自己的人生

或許是幸運，我的性格一直都比較強硬，面對許多人的看不起，反而激發我一定要往上爬的頑強鬥志，心中一直有個聲音：「我認命，但我不能認輸。」

這就成為我的動力，我不斷地「相信」我不會被社會的現實跟價值體系束縛。只有我能定義我到底是誰，只有我能用行動證明我有怎樣的可能。

大學時，我列出了一個待辦清單，裡面是我想要用四年完成的事情，以及做到這些事的步驟。我又進一步思考：我最終想要去哪裡。透過最終目的地的定標，讓自己找到方向。

二十幾歲的我，給了自己一個想法：要到海外工作。但是歷史系出身的我不論語言能力還是經貿知識都不足，我必須開始找方法來補足這塊拼圖。最後，我進入了經濟部國企班培訓，畢業後順利進入某全球五百強企業派駐海外，現在帶了一個小團隊。

說到這裡，或許沒啥驚天動地的，比起什麼二十多歲成為國際大人物，我的故事顯得平淡無奇。然而我們要講的其實很簡單：「不論你遇到什麼，你出生於怎樣的環境，曾經被人誤解而貼上怎樣的標籤，但是只有一個人能定義你，也只有一個人能把你拉出來，脫離懷疑跟恐懼的苦海。就是你自己。」

真相是，這個世界不是由外在形成的，而是由你的心。當別人告訴你不行，同時你自己也接受這樣的說法時，你才真正的不行了。所以一定要勇敢的「揭竿起義」，對抗你遇到的大環境，用行動去扭轉這些現實，而不是被現實限制住。

所以，也請你開始寫信給自己，思考自己人生最終要達到的目的是什麼。用正面、積極的字眼為自己下定義，開始思考你的目標在哪裡，而又要用怎樣具體的行動來慢慢拼湊出你的未來。**先做好一個編劇，寫下你的未來，再來成為一個導演，積極安排各種資源，最後，親自上陣演出你的劇本**，你將發現你也有機會超越被外界限制住的過去。

增加你的人生頻寬，避免稀缺

大家都知道，我小時候家裡的經濟情況很糟。「為什麼窮人很難翻身」這個問題，也常盤旋在我腦海裡。直到我讀到哈佛大學行為經濟學家賽德希爾·穆萊納森

（Sendhil Mullainathan）的觀點，我才恍然大悟。

他用兩個簡單的概念來說明。「稀缺」（Scarcity）就是「擁有的比需要的少」，換句話說是錢不夠用、時間不夠用等等。「帶寬」（Bandwidth）則是指「心智的容量」，包含認知能力、行為控制能力等。

穆萊納森發現，在許多動物或人類的實驗中，飢餓狀態下反而會使人更警覺，感官能力提升，因為這是生物的求生機制，目的是解決問題。當我們感到飢餓或者時間緊迫的壓力，為了生存或者完成任務，會迫使我們更緊張、更敏感。

但如果長期處於「稀缺」狀況中，大腦在能量不足下就會全力支持找食物的行為，使得其他的感知能力下降，長期規畫的能力也喪失。這就是穆萊納森教授提出的論點：稀缺的狀況會使得心智力量的帶寬減少，也就是貧窮帶來的壓力會讓人判斷力下降。簡單的說就是變笨。

此外，最近《美國國家科學院院刊》（PNAS）發表的研究，也佐證了上述理論。研究人員發現，成年以後如果仍身處於貧困環境，低社經地位會造成「適應負荷」（allostatic load）的增加，也就是壓力激素的多寡，壓力激素會損耗身體跟大腦。

不管是經濟學還是從大腦科學，都導出一樣的結論，那就是「貧困會使人認知能力受損，判斷能力降低，因此無法擺脫貧困」。

但科學家同時也得到另一個結論，就是**成長時期的貧困並不會造成對大腦直接影響**（原因或許是因為尚未自己負擔經濟）。換句話說，要等到一個人真正成年立足於社會而仍然貧困的時候，才會影響大腦發展。

知道了貧困惡性循環的科學邏輯後，我們可以試圖找到擺脫貧困的解方。可以從「帶寬」的角度先下手，試圖在「帶寬」仍充裕的時候（也就是年輕的時候，或者在學的時候），盡量學習到足夠的技能，避免人生未來的「稀缺」。

比如在大學時就學習財務相關課程，加強相關技能，讓自己未來在求職時更有競爭力，避免出社會就落入「稀缺」狀態，導致惡性循環。簡單的說，就是在讀書時期，尚未直接面臨社會跟學貸壓力時，積極的思考未來的出路跟規畫。

08

開始撰寫人生營運計畫

我的人生營運計畫

當年我升上大學後，我姑姑交待了我一件事：「不要為了錢打工，專心讀好大學，打工體驗偶爾試試就好，如果你也被錢追著跑，我們將永遠貧困。」

對照上面的科學邏輯，我姑姑實在非常睿智。

大學畢業後工作半年，身上還背著學貸，我又跑去借了五十萬，為什麼呢？

我們家是中低收入戶，我只需要服十二天的補充兵，然後順利找到政府的約聘人員工作（錄取我的主管說，她就是看到我在大學有許多大型活動跟行政事務的經歷，才決定用我），生活穩定下來。

不過，我的夢想是要加入大公司，到海外去。但是以當時我純歷史系畢業，語文能力只有多益六百八十。這樣想外派？

我需要一個營運計畫，把自己當成一家公司來經營。我先拿出一張白紙，畫了一個簡單的圖如下。

我把自己當成產品。假設要把我這個產品賣給大企業擔任一個外派人員的話，我有什麼優劣勢。這樣一寫完就知道了，「完全沒優勢」。

這樣簡單的圖片讓我知道，我還缺乏兩塊：語言能力跟經貿知識。這兩塊就是客戶最需要的。那假設我何則文是一家公司，在這種情況下會怎麼做呢？答案是改良我這個產品。

改良產品這件事情，不是睡一覺起來明天多益就變

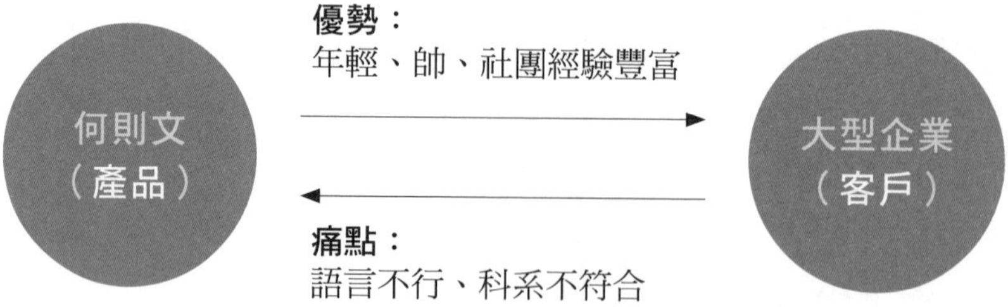

九百分。「企業會怎麼做？」這個想法成為我行事的基準。我開始去找公司的營業計畫書範本，假裝我是一家公司，我該怎麼挽救我這個失敗的產品。我發現營業計畫書會分成以下這幾項。

一、產品內容
二、市場分析
三、行銷策略
四、財務預估
五、投資效益

在第一部份我已經知道我這個產品目前是不ＯＫ的，也知道市場上的情況是怎樣。我研究了當時的就業市場，發現如果同時具備外語跟商業能力，在就業市場就是炙手可熱的，亦即若有一個應屆畢業生具有英語商務談判能力，同時又有基礎的經貿知識如經濟、會計、行銷，那在就業市場上的國內本薪，應可以達到每月四萬，外派更有機會年薪百萬。

我知道了產品、市場跟客戶的需求後，彌平這個差距就變成我的任務。那時候的我二十三歲，家境還是貧困，每個月房租水電外只留四千塊零用錢，其他都匯回家裡。我看看這可不得了，我收入36k已經是中上水平，生活依舊跟大學一樣，未來幾年也可能繼續過著這種生活，被壓力追著跑。看來，「成為一個好商品以便賣出高價」才能真的擺脫貧困。

最後給我發現了經濟部辦的國際企業經營班，由外貿協會培訓，專門從語言跟經貿知識兩方面培訓外派人才。可問題來了，兩年學費要四十萬，雖然有跟銀行合作可申請貸款，但同時需要十萬保證金，成績不合格退訓的話保證金沒收。

我鼓起勇氣打給姑姑說我想去報考這個班別。姑姑一聽嚇一跳，這個沒學位的課程要五十萬，她回了一句：「我們還指望你賺錢養家，要再去讀這個真的沒辦法。」

這時候，我把姑姑也想像成我的投資人，我必須說服她給我兩年時間，外加十萬元當保證金。這個投資計畫的第一關就是我姑姑，我上網查了資料，證明外派人員的薪水相較在國內高出更多，更容易存錢。我又把這投入的五十萬算給她聽：順利結訓後外派，每個月的收入增加，幾年內可以還完錢，損益兩平，還可以給她更好的生活。

其實最後並不是這份計畫說服她，而是她到處去問，問到一個在世貿工作的親戚，親戚跟她舉起大拇指說這個課程很值得去念，姑姑才願意讓我去念。這個故事的結尾就是那個原本是歪瓜劣棗的年輕人，進入公司後隔年升任管理職，出了人生第一本書（你現在看的是第二本）。

因此，要擺脫貧困，**首先是要擺脫「稀缺心態」，增加自己的「帶寬」，也就是長遠規畫能力。再來，把自己當成一家公司經營，瞭解市場跟客戶的需求，把自己這個產品賣出去**。如果你還年輕，也可以試著拿下紙筆，在空白的紙張寫下你想去哪、你現在又在哪。開始構思這兩點一線的過程如何完成吧！

重要的技巧：心智圖怎麼做

二〇一六年三月，Google研發的人工智能阿發狗（AlphaGo）以四比一擊敗了世界冠軍李世石，引發全球熱議，網路上還有人恐懼人工智慧的到來將會滅亡人類。那麼，阿發狗為什麼會百戰百勝呢？

它的技術是用了「蒙地卡羅樹搜尋」與「兩個深度神經網路」相結合的方法，所建構的人工智慧。這是什麼概念呢？所謂的蒙地卡羅樹搜尋其實就是一種遊戲樹概念，如同下圖用圈圈叉叉舉例一樣，會推演出遊戲中每一個行動後，對手可能的應對。簡單的說，阿發狗會

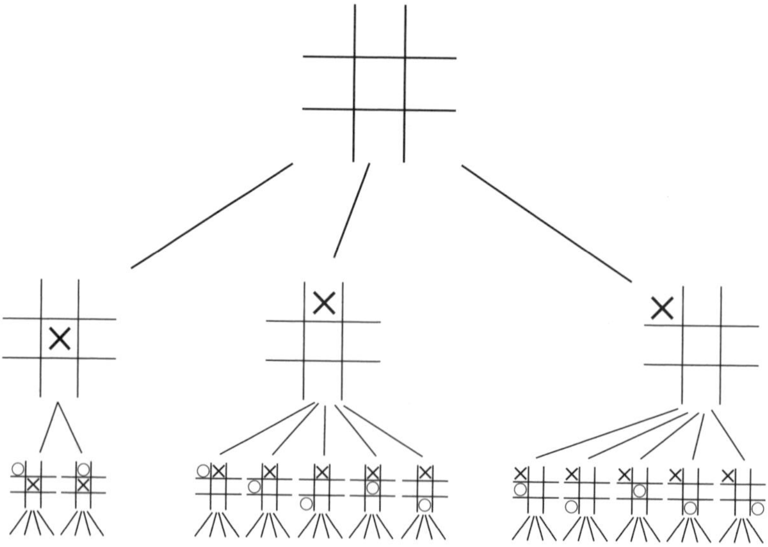

計算每一個落子點、對手可能的應對，然後推演整個棋局發展，找到勝率最高的步驟。

這項技術很早就應用在各種電腦下棋，但阿發狗在這個遊戲樹的概念又加入了神經網絡的方法，達到深度學習，可以如同人類一樣自發學習，增強實力。我們面對的是人生這盤棋局，到底應該怎麼做呢？

◆

我大學常在各校社團擔任講師，主講「活動籌辦」跟「社團領導」，很多人都會和我討論社團的事情：活動怎麼辦、社團內部的矛盾衝突如何化解等。出了社會，也常在一些大學演講青年職涯、國際觀等議題，也有很多年輕人寫信問我事情，大多是有關職涯的：該不該去留學、想要進大公司怎麼可以增強自己等等。

我通常不會正面回答。如果是涉及對方個人的決定，我會請他拿出紙筆，畫出自己的可能路徑，畢竟自己的人生還是自己最瞭解。這樣講可能有點模糊，不如我們假設一個情況：你是一個在台中讀書的大學生，周日在台北有個活動，早上九點就開始，你要趕過去的話有幾個選項。

下圖列出可能的選項，這就是一個決策樹。當然這麼簡單的案例通常我們在腦子裡想想就可以做出決策。但核心的問題其實不是可能的決策，決策只是一個方法、一個手段及過程，重點是「目的地」跟「起點」在哪。這個目的地跟起點不只是很直觀的台北跟台中，而是更細微的我要「在週日早上九點從台中到台北參加活動」這樣的目標。

知道目標以後還更要確定起點。所謂的起點，就是來盤點我們手上擁有哪些的

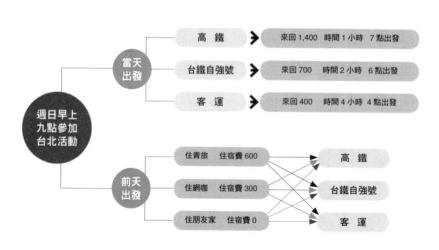

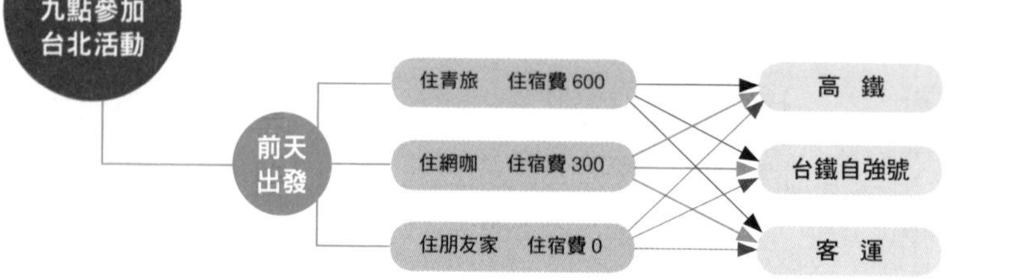

資源：錢是資源、時間是資源、人脈也是資源。舉例來說，如果你是富二代，不要說高鐵自由座了，商務艙都不是問題，這個地方或許就沒啥好考慮的，就是搭高鐵去。但通常要考量的是手頭資源不足的情況下（時間、金錢），需要做出什麼樣的取捨。

對大學生而言，為了活動搭高鐵去台北市好像太貴，這時候就要評估自己能負荷的情況：搭自強號兩小時抵達，早上六點出發，好像還能接受；客運雖然便宜，但是要凌晨出發，付出的時間成本有點高。不過，如果手頭的錢只夠搭客運，那也只能選客運了。但又如果半夜沒交通工具去搭客運，那可能就必須要前一天到，前一天又要考量住宿問題等等的。而每一個住宿選項除了金額以外，又有各自的優劣勢：住朋友家，朋友ＯＫ嗎？從此會衍生出更多的問題。

這些聽起來很像廢話的邏輯，就是每次決策中我們大腦在來回推演的過程。透過這個過程，我們會找到最適合自己當下的情況。像交通方式這種小事情還好說，如果涉及長遠的問題那就真的要深思熟慮。

回到剛剛我說的人生這場棋局，也能用這樣的方法解決。每當有學弟妹問我事情時，我通常會叫他拿出紙筆，如果剛好在空教室就直接來畫黑板。然後寫出第一個問題：「你的目標是什麼？你想達到怎樣的境界？」這才是關鍵的問題，許多朋友就是因為這個核心問題沒抓到才鬼打牆。

比如有人問：「我該不該去海外留學？」或者「我要去外商還是本土企業？」這樣的二選一問題並不是真正的核心問題，這樣的問題就好像方才的交通案例問說，我到底要坐高鐵還是台鐵去台北呢？乘坐什麼不是問題的本身，而是一個方法手段，你要「到哪裡、何時到、怎麼到」才是核心。

因此，要找到決策路徑，必須要先有一個肯定句在前。「我要在週日九點到台北參加活動，哪種方式對目前的情況最有效益？」換回留學這件事，原本的問題就應該是：「我要去海外留學，該怎麼做？」或者「我想進入外商，要怎麼準備？」這樣才是比較精確的目標。

有了這樣明確的問題，就能按照剛才的決策樹畫出一個路徑圖。但這次不是橫向的，因為分支可能會太多，我們將「目標句」放在中心，畫出一個由中心開枝散葉的心智圖。

畫出這個心智圖以後，我們可以知道，「如果要獲得知名外商青睞，在大學期間可以做的事情有哪些？」。答案就會變成支撐自己前往目標的方法，而每個答案又各自能成為一個個獨立任務，列出待辦事項。舉例來說，假設要申請海外交換，又可以畫出另一個心智圖。

但這兩張圖都還是很粗略的概念性想法，還停留在腦力激盪的層次。我們要落實，就必須更明確。比如：「我要在大學畢業應屆錄取外商」或者「我要用一年準備考到多益九百」，接著根據時程去研擬計畫、展開執行。

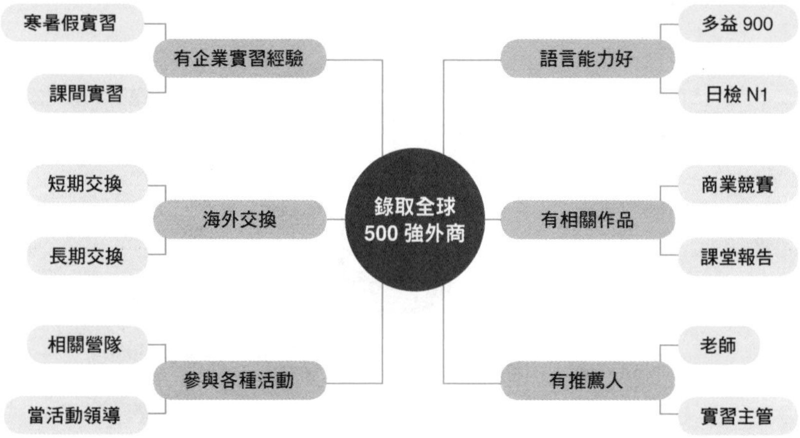

這些人生規畫都應該是長期的。舉例來說，最簡單的「想申請交換學生」，這件事不是今天學校公布、明天就寫寫報名表申請就可以成功，因為它可能有語言要求、推薦信的要求等等，需要準備幾個月甚至數年。

這就是為什麼問說「我要去外商還是國內企業？」或者「我該不該去海外留學？」不是真正問題本身。為了找到核心問題，我們必須問：「做什麼？怎麼做？」這樣才比較容易找到具體方法。但這種猶豫的是非題其實也是釐清自己擁有資源、目標的一個過程，另外還可以用矩陣來分析。

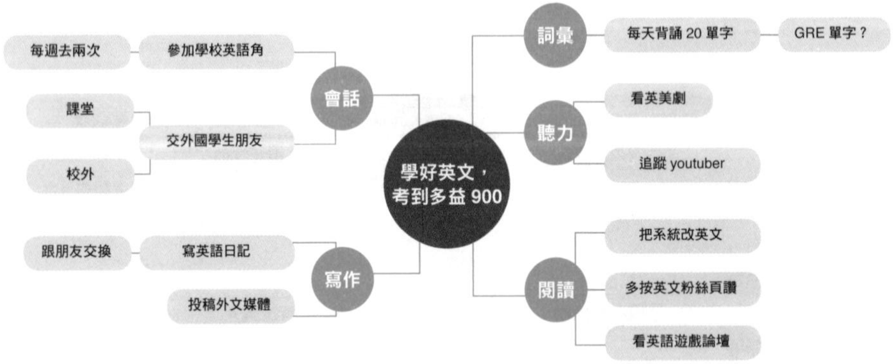

做完上述步驟，已能大致釐清自己在意的點是什麼。面對同一個問題，每個人的自我剖析結果都可能不一樣，因此能解決問題的還是只有自己。同時，很多想法可能都是自己的臆測，與實際情況也不一定符合，因此要動手動腳找資料，證明或搞清楚真實狀況。透過這樣的分析，可以進一步釐清自己「為什麼想做」跟「到底要什麼」，釐清自己猶豫的點，進而發現其他可能。

舉例來說，透過分析後，會知道，想要留學的動機是想未來在海外發展，有更高收入；而猶豫的點是怕貸款太高，未來可能會被學貸追著跑，以及薪

	海外留學	國內 MBA
執行難點	需準備外語考試 家中經濟不好需貸款	無
可能效益	拓展海外人脈、薪水增加 留在海外工作	不會造成經濟負擔
潛在風險	畢業後被債務追著跑 薪水增長不如投入成本	較少海外發展機會

水不如投入成本。

這樣我們就能找到真正的核心問題，問題不是「我該不該留學」，而是「我未來想在海外工作、增加收入，我該怎麼做？」這時候康莊大道就出現了，釐清問題以後就能找到其他的可能性或選項。此時再加入其他條件，進行心智圖發想，就能找出更多選項，再用決策樹的概念，把每個選項的成本效益列出，找到最好的決策。

◆

這樣的思維模式，可以套用在每一個地方，甚至人際情感之間。「希望跟另一半不再吵架，怎麼做？」，這就是一個具體目標，再使用上述的方式找到問題點跟可能的方案。所有的決策就像個棋局：釐清自己的目標，盤點既有資源，

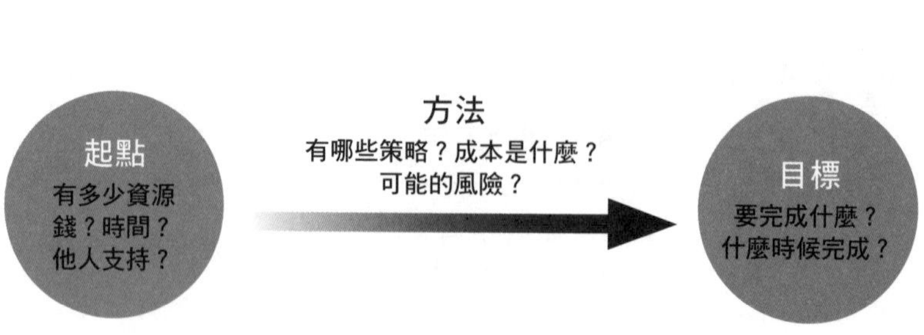
起點
有多少資源
錢？時間？
他人支持？
方法
有哪些策略？成本是什麼？
可能的風險？
目標
要完成什麼？
什麼時候完成？

根據已知來推出未知問題答案（也就是擬定策略）。

還要注意一點，每個小目標都可能是另一個大目標的「方法」。比如我希望考到某項證照，為自己在職場上的專業技能加分，那就要知道，最大的目標是「在工作上更上一層樓」，而考證照這個目標是支持前進大目標的一個方法手段。這個最終的核心大目標，才是我們要念茲在茲的。所以說如果為了考證照，耽誤工作、表現變差，那反而是本末倒置。

為了釐清每個大小目標之間的關係。我們可以看看下圖。

從這張圖可以看出，想要收入變高背

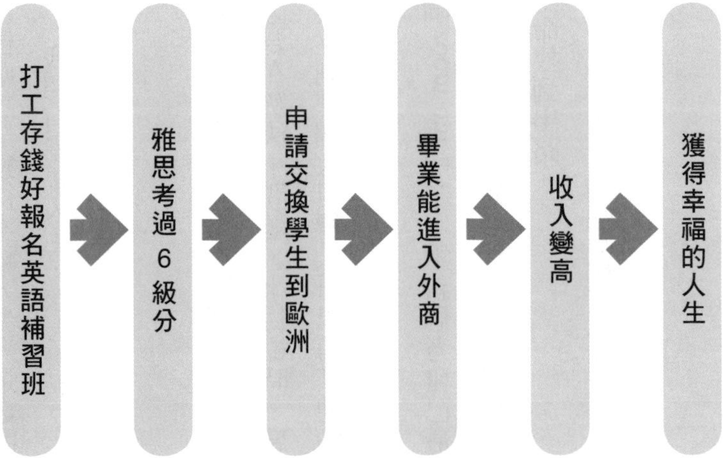
打工存錢好報名英語補習班
雅思考過 6 級分
申請交換學生到歐洲
畢業能進入外商
收入變高
獲得幸福的人生

後的原因是「這樣可獲得幸福人生」，因此終極目標應該是獲得幸福人生。這之間又有些邏輯遞進關係，所以最核心的問題應該是：「我想有幸福人生，該怎麼做？」接下來出現收入變高這個達成目標的方法，而這個方法本身作為目標又衍生出「畢業進入外商」這樣的小目標。

如果在這個過程中，得到了與核心目標相反的結果，那就要再次回到最大的問題重新審視自己。我們之所以會卡關，往往都是因為在解決小問題、小目標時，忘記了大目標，卡在當下那個崁，卻沒想過，或許要達到那個大目標，可以有其他的路線或可能。

因此，每當人生遇到瓶頸，請把人生這張地圖 zoom out 一下，重新思考自己最核心的部分：每一個起心動念背後的動機是什麼？人生又到底想要什麼？然後再用剛剛提到的分析手法找到另一條路，就有機會為生命找到出路。

你現在也可以拿出紙筆，開始一層一層為自己的人生每一個問題找到解答了。

第3步

在人群間自處

0
9

做人與做事的選擇

「所有煩惱，都是人際關係的煩惱。其實就連隱士，也很在意他人的眼光。」這句出自《被討厭的勇氣》的經典名句，在台灣很多人都耳熟能詳。

提到「做人」，讓我想起大學時期的一場活動，讓我真真確確的體悟到做事前要先搞好人的事情。

大二那年，我在學校的學生會擔任幹部，開會的時候要訂便當、準備會議資料、製作會議紀錄等等。

每年最大的活動大概就是演唱會。演唱會辦理的流程其實也沒有很複雜，就是公告、廠商投標開標、談妥演出藝人與規格、最後安排當天人力布置等事情。

我永遠記得那是周六的半夜，隔不到十天演唱會就要開始，我們的會長突然私訊我說：「現在你全權負責演唱會。」

什麼？原來，負責活動的總召跟會長鬧翻不幹了。當下的情況是：演唱會只剩下十天就要登場，連送帶賣只銷出幾百張票（學校禮堂能坐五千人）。當天工作人員也完全沒開始安排。如果最後花幾十萬預算的演唱會搞砸出包，那這個學生會也準備要解散了。

這件事情讓十九歲的我特別興奮，能夠被賦予這麼大的任務。我立刻開啟了「搶救演唱會大作戰專案計畫」，找來自己熟識的學弟妹組織「突擊隊」，在學校好幾個人潮聚集點開始擺攤賣票，當時只要有繳學生會費就能免費取得門票，所以每一隊人馬都帶著所有繳納學生會費的學生名單，當場人工兌換。

為了讓更多人能知道演唱會的訊息，我找來了十幾個夥伴，兩兩一組直接到各宿舍敲門，提供核對身分的換票服務，地毯式的進行搜索宣傳。最後，我解決了這場危機，當天到場的人達三千多名。

我也一役成名，大家都認可我的辦事能力。

但同時我卻發現一件事情：幫忙的夥伴中有一位是我大一的好室友，我們一直很好。可是凡是由他負責的點，都沒有把事情搞好。我很意外，因為所有的SOP我都清清楚楚的做成手冊，只要按部就班的執行就可以。

要到一年以後，他才告訴我真相。原來那時候因為任務緊張，我都直接用命令式的口吻要夥伴去做事。而他呢，覺得自己是好心來幫忙，卻被當成部屬使喚，又沒拿薪水，心裡超不爽的。

◆

大一那年，我認識了一群其他科系的新朋友，有次大家圍著一起聊天，其中一位理工科系的新朋友也分享他對歷史的愛好，說了一個漢武帝的小故事。然後他說，這個故事出自《史記》。

那學期我剛好在上中國通史，一聽就知道他搞錯了。那故事不是出自《史記》，而是《漢書》。瞬間我覺得必須捍衛真理，於是打斷他的話說：「不是吧，這個故事不可能出自史記，應該是從漢書來的。」

場面一陣尷尬，大家的目光先是凝視著我，又馬上轉回那位同學，等著他回應。想不到他臉色一沉，立刻回防：「是史記啦！我最近看的書裡面提到的。」

我想，這人怎麼這樣冥頑不靈，難以教化，真是秀才遇到兵。沒辦法，我只好使出大絕招，指著身旁同系的B同學說：「不信你問他，他也是歷史系的，到底誰說的對。」

我等待著大獲全勝，哪知B同學竟然說：「我想，張某某說出自史記，那就是史記吧。」

頓時換我變成一個鬧笑話的蠢蛋，我不可置信地看著我的好同學，於是怒氣沖沖把他抓到門外大聲質問：「你明明知道他講錯，那堂課我們都在，你幹嘛要拆我台？他明明講錯啊？」

B男慢條斯理回我：「那你又幹嘛拆他台？他愛秀學識涵養就給他秀啊，你贏了，大家就認為你有學問嗎？那他又會怎樣看你呢？爭贏了又怎樣？即便我附和你，只是讓我們都失去一個朋友，增加一個仇人而已。」

◆

搞好人的問題後，並不是就天下太平了，事情還是要做。如果只管好人的事情，卻沒實際的建樹跟產出，要嘛就是個馬屁精，要嘛就是靠什麼手法掩藏自己沒表現，反而讓自己變成一個小人。

「搞好人」和「做好事」要齊頭並進，缺一不可，兩邊都不能放下。還有，要把「人」打點好，也不是逢迎諂媚上頭，或者放任部屬而不作為。重點是，只是單純的把他人放在心上而已。上述的第一個故事，我學到了要思考對方的感受，對對方的付出真誠的感謝；而第二個故事，讓我以後表達的更委婉。比如說：「啊，原來這篇故事是出自史記啊！我以前都還以為是漢書呢！今天聽君一席話也學到不少新知呢！」這種說法表明了你的認知與他不同，但也不會直接否定，未來他如果發現自己搞錯，也不會有惱羞不爽到你的情況。

我們存在一個社群社會中，要透過別人的協助才能完成事情。我採用一個很簡單的做人法則：**放下自我，對周遭的人真誠的感謝跟款待。**

10 成為自己的貴人

到底貴人是什麼意涵？通常「貴人」會跟「伯樂」這樣的字眼一起用上。貴人就是對自己人生有幫助的人，而伯樂則是能賞識自己、讓自己潛能發揮的人，通常會是師長、上司等比自己更高階層者。

所以貴人這個字眼或多或少會有種「比自己更有能力，而能拉拔自己」的意涵在。

貴人也可以想像成英文的 mentor，帶有一點點心靈導師的概念，又像老師父手把手教導徒弟一樣那種感覺，例如職場上帶自己的學長姐或前輩主管，也可能是能指點自己的摯友等等。

人人都可能是貴人

一般人常把「貴人」跟「小人」畫分成二元對立的概念，我們總覺得要去追求、接近那些能為自己帶來益處的貴人，避免那些想陷害自己的小人。

我的經驗是，這其實是一個很大的誤區。人就是人，好人壞人的畫分是很主觀的界定。有時候，表面上看起來阻礙你的，或許反而能在背後推動你前進。

大學時我碰到一個教德國史的老教授，大家都知道他非常的嚴謹，一絲不苟。這堂課不用考試，但要遞交書面報告並上台簡報。

我早就聽說這位老教授很嚴格，於是跟組員們做了二十頁、多達好幾萬字的報告，又看了好多本書，花了兩三個月才完成報告。

上台簡報當天，正當我打算發揮天賦，用天花亂墜的簡報來獲取高分之際，老教授突然叫我們看報告其中一頁下面的註釋條目。

一個逗號打錯了。

看到這個，這位老教授突然大怒：「歷史系的學生，竟然這種會犯這種基本、常識性的錯誤。」接下來劈哩啪啦直接罵了半小時，從一個小標點扯到對台灣教育體制失望，強調台灣民族性就是太隨便。至於我們的報告內容，他完全沒有講，因為「會犯這種低級錯誤的報告不值得細看」。

當下我覺得這老教授真是老番顛。拜託，不過是個無心之過，而且無關緊要，一個註釋的標點打錯，能影響多大？他就這樣否定整篇。

想也知道，這篇報告沒有拿到高分，這堂課也只得到普普的分數。

當時，我覺得真是選錯課，遇人不淑，算我遇到小人。幾年後我真正出社會，才發現自己真的感謝這位教授，因為他的痛罵，在我人生中留下很深刻的印象，因此每每在一些小地方，我就會想起這個報告，想起一個小地方錯誤可能讓自己其他地方都不被人重視，因此格外細心。

這樣看來，這位老教授可以說是「偽裝成小人」的貴人了。就好像石內卜，一開始大家都以為他是個大壞蛋，想不到面惡心善的他一路以來都是默默幫助哈利波特的關鍵角色。

貴人是自己創造出來的

貴人很難遇到，很難特意求來。但是，我們生命中的每一個人都可以成為人生旅途的幫助者。最重要的是，你如何用心看身邊的人物，讓許多意想不到的機緣出現。

我記得我們中興大學文學院圖書館有個阿姨曾經告訴我一個故事。好幾年前，她注意到一個很特別的學生，總是靜靜出現，坐在固定角落，每一天都報到。

我們學校大多數的同學都在總館念書，會在系圖書館K書的，大多是自己學院或科系的學生。因此，在人不多的文學院圖書館裡，他每天的報到就顯得很突出。

阿姨注意到他的課本，很明顯是外系的學生，讀的是物理化學這種文學院不會念的書。原來他是農學院的同學，喜歡文學院圖書館人少安靜，於是來這裡K書。有時他也會幫阿姨做些圖書館裡的雜事，而阿姨也會和他聊聊天。就這樣過了一年。

有一天，這個同學跟阿姨說，他正在申請美國的學校，但是推薦信不知道要找誰寫，因為他平常就很文靜，沒有特別跟哪個教授很熟。他已經跟系上老師拜託到了一封，但是第二封就不知道要找誰寫好。

圖書館的阿姨也不知怎地就說：「如果可以的話，我可以幫你寫。」這個同學並沒有嫌棄阿姨不是個教授，只是個圖書館員。無論如何，他就拿著阿姨這封推薦信去申請，後來也很順利上了。

幾年後這個同學留美回台，又回來母校找阿姨。他說，他特別感謝阿姨，因為他被美國學校錄取後，就問美國教授為什麼當初挑選了他。不料，教授竟然說：「因為你的推薦信很特別，其他人都是請大教授寫，但你找了一位圖書館員，她寫的推薦信反而是備審資料的亮點，讓我們認識真正的你。」

阿姨到底寫了什麼？原來，阿姨在信中寫：「我不是這個領域的教授，我只是個當了十幾年的圖書館行政人員。今天我寫這封信推薦他，是因為這一年來，我幾乎每一天都能看到他來我們圖書館念書，他很早就有赴美留學的心，也很努力的堅持這條路。但他讀書之餘，也會幫忙身邊的人。我可以告訴你，我認識的這位同學，是我在大學工作的十幾年來，看過最上進認真、心地善良的學生……」

讓人意想不到的是，讓他能錄取的，反而是這封出自旁觀者的推薦信。

這樣的貴人，從來不是特別用什麼套路去求來的，而就是真誠地做好每一件事情，正直善良的對待身邊的人而造成的。

先成為別人的貴人

南加大的經濟學家達特博士（Ashlesha Datar）在《美國醫學會小兒科期刊》發表過一個很有趣的研究：居住在肥胖率較高的社區的人，自身的肥胖機率也會增加。

研究導出兩個結論。首先，人類非常容易受到環境影響，周遭的人對我們影響至深。我們常說近朱者赤、孟母三遷，很好理解吧。

其次，物以類聚。同樣社會經濟地位的人，更傾向住在同一個社區；同樣的社經背景讓他們對於「肥胖」這件事情容易有相同的結果出現。

那麼，如果希望被「貴人」環繞，首先你自己也必須要是個貴人！假如你永遠覺得自己周遭都是小人，那不妨想想：或許你常在某些層面，也曾經是他人的小人。

要做貴人其實是很簡單的事情，在這篇開頭，我們分析過貴人的意涵，根本上就是成為能對他人生命有助益的人，這個幫助可以是各個層面的，不一定要是金錢或者是什麼職涯機會。

而任何人都可以成為我們的貴人，我們的貴人也有可能在任何地方，用各種意想不到的形式出現。所以用真誠的心去對待每一個人，在能力所及之處去幫助別人，作為一個正直的人，建立從心出發的連結，那就可能有無限的機會。你永遠不知道，今天這個你座位前看起來呆呆不起眼的同學、同事，會不會未來成為一個大人物，或者他本來就是大咖，只是偽裝起來。

如何被貴人環繞

我曾在新創導師李開復的臉書上，看見他分享的「想要變得更有人緣」的幾大祕訣：

1. 主動接觸、認識你想結識的人，把精力放在最有緣分、最有合作可能的人身上。

2. 真誠盡力地幫助別人，不求回報，不帶條件。

3. 樂於接受別人的幫助，並真心感謝。

4. 樂於介紹你的朋友相識。

5. 請朋友幫你介紹更多你想認識的人。

6. 定期和朋友相聚，用網路保持聯繫，不要等到有要求才相見。

回顧我受人幫助的點點滴滴，這幾個方法真是非常實用。我自己常常在網路上看到敬佩的文章，不管主題是產業或歷史人文，不管作者在海外，我都會寫信跟作者致意，分享心得感想或者疑問，這讓我有機會跟很多有格局的青年們深交。

同時，常常有人說我是很搞笑的人。每當有朋友說：「有件事情想請你幫忙……」話還沒說完，我就大聲說：「好！儘管說！」對方常常被我這樣阿殺力的氣魄震撼，會回我說：「哇，還沒聽我說完就答應，真的很罩。」

每次我返台，也是忙得不可開交，主要是有很多朋友要團圓。其實只要很真誠的對待他人，不帶目的性，那就能形成很正面的循環。畢竟沒有人喜歡有求於你的時候才出現的人。所以時時保持連結是很重要的。

最好的辦法就是主動的幫助他人、成就他人，因為作用力與反作用力是一個宇宙定理，你帶給世界怎樣的能量，世界也會反彈給你怎樣的回饋。而這個幫忙一定要是不求回報的，因為當有求回報時，就市儈了。

交朋友，真心待人，先成為別人的貴人，我想是讓自己貴人環繞的唯一方法。

11 用問題打開深入對話

我大學的時候曾經到小學帶課輔，像安親班老師一樣，帶著小朋友活動，或陪他們做作業。

有一天，我們帶的活動是畫圖，每組四位小朋友使用一盒二十支的蠟筆。開始不久，就傳來爭執聲。

「這支筆是我先拿的！」一個小朋友抓著橘色的蠟筆喊道。

「什麼你先拿，你已經拿兩支了，這支給我。」另一個小朋友的雙手包住了那個小朋友緊握蠟筆的拳頭。

「我才不會給你，你這個醜八怪！」

「你才是醜八怪！你數學考很低分你很笨！我要橘色的筆！」

我走過去，淡淡的說：「你們兩個自己討論蠟筆怎麼用，要有禮貌喔，誰敢先出手打架或者說髒話，我就跟他媽媽講。先說這個活動只有一節課唷！你們只剩下四十分鐘。」

接著他們似乎理性了起來，外表不再有衝動的樣子。直到幾分鐘之後……

「我要畫橘子樹，所以我需要這支筆，你必須讓給我！」一個孩子這樣說。

「我也要畫太陽啊！我也要橘色！你才給我！」

「太陽是黃色的，你去用黃色！」

「黃色的筆已經被拿走了，而且我的太陽就是橘色的！」

「哪有太陽是橘色的，橘子樹才會是橘色的！你根本不懂！」

「為什麼太陽不能是橘色，你衣服上的皮卡丘也是橘色的！皮卡丘才不是橘色，你穿盜版的你丟臉！」

兩個小朋友為了爭那支橘色的筆，討論的範圍已經從筆轉到日常生活中的爭執了。

「你上次跟我借十塊還沒有還我！」

「你才是，我的妖怪手錶卡片還有好幾張在你那！」

而他們手上的畫作，大部分仍是空白一片。我最後受不了，出手把橘色蠟筆搶過來，然後折成兩段。「這樣你們都可以用了。時間快來不及囉，我們三點要結束，現在大家都快畫好了，你們趕緊畫吧！」

這兩個爭吵的小朋友好像被大哥哥突如其來的舉動嚇到，也不吵架了，開始低頭光速的畫。

這一段荒謬的屁孩對話，讓我回去以後想了很久，也帶給我一些啟發。

對話法則一：緊扣主題

從大人的眼光來看，那兩個小朋友很幼稚，輪流用不就好了。但這種情況其實常常在我們身旁上演，明明雙方的出發點一樣，可以透過適當的安排讓雙方都互利，卻因為溝通不良，最後變成爭一口氣雙輸。

為什麼會變成這樣呢？我們觀察那兩個小朋友的對話，從一開始就偏離主題。因為兩人都是從「我」的角度出發，覺得別人是麻煩製造者，認為只要排除這個「別人」，問題就會迎刃而解。而他們排除的方法，是想論證對方不應該跟自己搶這支筆，並且演變成人身攻擊的貶低。

最後整個討論的主題就是誰比較糟糕，而忘記自己初衷只是很簡單想要橘色的筆拿來畫畫而已。

家人、情侶的吵架也常發生這種事。開頭明明在講A事件，比如房間的東西沒有放好，一方覺得自己被否定，開始做自我防衛，同時也傷到對方，這樣整個主題就開始跑偏，變成翻舊帳：以前你做過什麼事，所以你比較可惡。

「人身攻擊」的謬誤是許多人在討論事情時常常犯的盲點，簡單的說就是「對人不對事」。假如有一個曾經竊盜入獄的人說：「偷竊是不對的，我們不應該偷竊。」一定有很多人嘲諷他「沒有資格講這句話」。不過問題是，偷竊本來就不對，誰說出來都一樣，不會因為他曾偷過東西，所以講這句變成沒意義。

國內媒體在政論單元常會出現類似這種的討論：假設有一個外縣市的人評論雲

林的空汙問題，反駁觀點的基礎往往是「你不是雲林人，沒資格說三道四」。這也是一種訴諸人身的謬誤，是我們最常犯的錯誤。

對話法則二：改採「我們」為討論的角度

當我們感覺到事情針對到自己的時候，為了捍衛自己的看法或自尊，常會進行防衛。為了避免這樣的問題，我們可以改變討論方式，從「相互對立」換成「共同面向問題」。這種概念如同是從原本會議桌兩邊面對面爭鋒相對，轉換成共同向著地圖擘畫戰略藍圖一樣。

通常的模式是甲男提出了A方案或論述，而乙男提出B方案或論述。兩人討論時，往往把「自己提出的意見」不自覺當成「代表自己存在」的體現，因此如果有人提出相反的看法，我們就會開啟防衛機制，認為自己的價值被否定，試圖堅守自己的陣地，繼續向對方逼進，努力說服對方，或要對方承認他不對。

只要把二元對立的界線模糊掉，就可以打開癥結，讓選擇題變成開放式的問題。

在語言上，可以把「你」跟「我」這兩個單數的人稱改成「我們」，並且用問句把選項打開，讓情況不再是非A即B。

例如，只要說「我覺得你這個方案有問題」，對方潛意識就會覺得自己被否定，於是展開捍衛。但如果我們把二元對立模糊，改成開放式的思維，會是：「這個方案很好，那有沒有什麼事情是我們可以更加注意的？我們有沒有什麼問題可以事先預防？」

「我們」這樣的字眼會讓對方覺得你基本認同他的想法，你並沒有直接指出你看到的問題，反而是用問句誘導式，希望對方能說出他的想法。

假設對方神經大條，你無法導引出你想要的答案，此時可以試著把你的意見包裝成一個諮詢性的問題，比如說：「假設我們遇到某某情況，這個方案有沒有需要補強的？你覺得我們應該怎麼做會比較好？」

這種諮詢的方法，會讓對方覺得自己有主導權，而且意見被重視，比起直接「你這方案碰到某某情況，一定會出問題」這種說法更柔和，同時又能導引出他自己的想法。而當導引出他的想法時，你就能用補充性的意見加入你的看法：「嗯，原來如此。如果是我的話，我還會想到另外哪些地方，跟你分享一下，像什麼什麼，你覺得如何？」

對話法則三：掌握溝通的五大要領

討論問題或溝通時，常見到一不小心就發散到其他地方抓不回來、浪費時間或者有不必要的衝突等情況。因此在溝通的時候，一定要抓緊自己的核心目的以及議題。

我們回頭看剛剛小朋友的討論，就是沒抓住關鍵要領。關鍵的問題是：「兩個小朋友都想要橘色，怎樣能讓大家都用到？」但這兩個小孩後來的對話變成鬼打牆，最後還偏題跑到「太陽能不能是橘色」、「你欠我錢」等等。

如果在開始的時候，其中一個小朋友有觀察到關鍵問題，那對話的導向可能會變成下面這樣。

「我也想用橘色的筆，那怎麼辦？有沒有辦法讓我們都用到？」

「我先用完，我只是要畫橘子樹，很快就給你吧！」

「謝謝你！」

所以有效的溝通，我們可以分成五點來思考。

1. **緊抓核心議題**：要解決的根本問題是什麼？為什麼要解決？這是在場各方共同的利益焦點嗎？我們最好要能夠用一個句子表現出共同的目標，比如「現在要討論家中的家事分工」，並且明確讓溝通中的人員知道這個核心問題，這樣如果跑題扯到各種過往恩怨，就能及時拉回來。

2. **建立舒適環境**：沉默或者衝突都對溝通沒有幫助，但人們往往會因為害怕說錯話或得罪人而選擇保留。我常在東亞儒家文化圈的職場裡見證這個事實。此時我們要建立一個舒適、安全的環境，讓人願意暢所欲言。真心的關心會是很好的開頭，首先可以試著先表示對對方立場的瞭解，利用微笑釋放善意，建構出能安心說話的環境。

3. **包裝你的想法**：我們若想把自己的意見講進對方心坎，那就要試著裹上一層糖衣，讓他能自願吃下去。最好的方式就是讓你的意見是「疊加」在對方想法上，而不是意圖「取代」。比如「我覺得這想法很好，『而且』如果能怎樣就更好了。」而且塑造了疊加感。假如把「而且」這兩個字改成「不過」，那麼則會有取代感。

4. **重複對方的話**：溝通中產生誤會跟衝突，往往是因為雙方都搞錯了，以為自己想要表達的意見沒有被對方真實的瞭解。因此在一段論述後，可以試著總結對方的意見，一來讓人感受到自己的看法真的被聽進去，二來也能確定自己所吸收到、認知到的是不是對方想表達的。

5. **多以正面表述**：就算是聖人也不喜歡被當面打臉。對方講完想法後，你可以多加上正面肯定用語，讓對方感受到被尊重，如此一來比較不會因為感覺自己的意見被反駁，而有緊張對立感，進一步想防衛自己。你可以說：「我很認同你的意見，我瞭解在你的立場為什麼會有這樣的想法，現在我也分享我的觀點讓你聽聽。」

熟記這些小技巧，多運用在溝通上，能讓溝通這件事情少了很多不必要的衝突與麻煩。並且要隨時記得，先生氣的就輸了，即便對方講出讓自己感到很冒犯的話語，也要停下腳步，思考他的動機，以及回頭看看場上要解決的核心議題到底是什麼。這樣一來，就能無往不利。

對話法則四：用提問來找尋真相

小慧是我一個很要好的朋友，學生時代開始她就常常跟我分享她周遭遇到的事情，或許是因為我們其實在學校不算同個社交圈，認識的朋友們沒有很重疊，所以她總會告訴我許多心理話。

有一次她跟我抱怨，她跟一堂行銷課的同學組隊參加商業競賽，結果有個外系不熟的同學，平常開會就經常遲到或未到，這次竟然在準備登台發表前夕說要退出。她真的很生氣，覺得這樣實在太不負責任了。

聽完她的抱怨之後，我就很好奇的問：「那她為什麼要退出？」

「誰知道，重點是早知道不應該找她，原本看她在課堂表現很認真很好的樣子，想不到這麼糟糕！以後也不想再見到她了啦！」

「好可惜啊，這樣不就永遠不知道為什麼了？」

「我才不在意呢！」

據小慧的描述，這個讓她火冒三丈的小女生是一個很文靜的人，看起來乖乖的，課堂上的表現也不錯，下課還會主動去問老師問題，她們課堂報告曾經同組過。雖然她的話不多，但好像做事情很有耐心，所以小慧才邀這個小女生一起組隊參加商業競賽。

這件事情我也沒很在意，直到又過了些日子，又從另外一個朋友聊天扯到大學生打工的議題，那個朋友跟我說一個故事。

「說到打工，我們系上有個學妹超屌的，她竟然同時兼了三個差：家教、學校助理跟餐廳服務生。而且她成績還不錯，重點是她很低調，是大家在好幾個地方遇到她才知道。」這個朋友這樣說道。

「其實我覺得大學生不應該打這麼多工耶，在學校多參加社團活動啥的對以後才有幫助吧。」我這樣回，但是我還是對談論到的這個打工王很好奇。「不過她幹嘛這麼拚打這麼多工啊？」

「她好像家境比較不好吧？好像是單親，又有幾個弟妹，然後媽媽身體又不好都在病床的樣子。前陣子好像還有點危險，看她幾次請假就跑回老家了，不知道後來怎樣，反正她也是個很內向的人，不怎麼講自己的事情，大家也沒問。」

聽到這裡，我突然想到這同學剛好跟小慧之前說的中退女孩同個科系。不知道怎麼的靈感突然來，「你說的那個人是不是叫做某某某啊？」

「哇靠！你怎麼眼線這麼廣，我們系上的事情也知道？」

果然給我矇中。

知道這件事情以後，我馬上傳訊息給小慧，告訴她這個大八卦。原來文靜女孩有這樣的故事。

「哇！竟然有這種事情。」小慧傳了一個驚訝貓咪的貼圖。

「那你現在還生氣嗎？」

「沒有什麼好生氣的啦，都過去了啦！」

說實在小慧也是一個大姊型的豪爽女孩兒。

「你之前真的是白生氣了，如果能早些時候知道為什麼不就好了。這樣我們就能省了當時三個小時的憤怒時刻！」

「哈哈哈，算我不對啦。」

這是一個很稀鬆平常的學生往事，也沒什麼高潮迭起，就是個關於「誤會」的小故事，卻在我心中留下很深刻的印象，有時候，有了理解才有諒解。

◆

其實沒有人真的想要故意找我們麻煩，就算真的要找你碴，那也一定有個原因。畢竟要業力引爆，也要經過多年的積累，所謂事出必有因。

我們在生活中也常常遇到這種情況，覺得有些人虧待我們，也或者一些行為讓我們覺得難以理解、不可思議。

這個時候，就要拿出論語。孔夫子講過一句很有意思的話：「視其所以，觀其所由，察其所安。人焉瘦哉？人焉廋哉？」這句話的道理很簡單，中學的時候我們都學過，就是要觀察一個人行為的動機，思考他的目的與過程，這當中一個人的所思所想就很難隱瞞。

所以當身邊的人突然講錯話得罪你，先別生氣，冷靜下來動動腦，思考他是為什麼會做出這些事情？這些原因跟結果又是什麼？或許他剛好早上踩到狗屎，心情很不好，你也只是倒楣掃到颱風尾之類的。

而這個探究為什麼的功力很重要，但大家也都很缺乏。一般人的認知大多停留在表象，他做了一件讓我不爽的事情，所以我要反擊。然而，如果知道更深層的原因，就能夠理解這樣的情況為什麼發生，進而透過這樣的理解，讓自己不再感受到受到侵犯或者傷害，這是很重要的事情。**知道為什麼以後會有新的看法。**

比如今天在捷運上看到一個沒事一直歪著頭鬼叫的屁孩，當下可能覺得真想揍他，自己正在想重要的事情，被這個神經病小孩干擾。有些更激動的人，可能就拿起手機錄影上爆料公社找網友公審。但你怎麼知道，這個男生是不是有妥瑞症之類的隱疾，其實他也不想要在公眾場合鬼叫。

許多博愛座事件也是這樣的邏輯，許多人只看到表象，看到好手好腳的年輕人坐博愛座，就不由分說的亂罵一通，誰知道這個年輕人是不是剛動過手術、站著都覺得痛苦，或者其實是個孕婦呢？如果能在義憤填膺的批判前，用一個簡單的問題問坐在上面的年輕人「還好吧？是不是身體不舒服」，就可以化解很多不必要的誤會跟麻煩。

任何情感都是這樣的，我們常常都知其然而不知其所以然，看到表象，就已經在這裡做出反應跟判斷，認為這個人或這件事情就是這樣，很快速做出定論。但事情從來都沒有這麼簡單。

◆

小慧後來又來跟我抱怨一件事情，說他男友阿德太吝嗇，什麼都要ＡＡ制；私底下畏畏縮縮的，雖然脾氣很好，就是沒啥主見，有時候就像個沒情緒的人，也是一個奇葩男子。

「你知道嗎！那天我錢不夠，他竟然說沒關係，我先幫你墊，你之後再還給我。那餐是吃便當耶，他也才幫我墊幾十塊而已，太誇張了吧，你說這個人是不是很不

ＯＫ啊！我真的受不了耶！」

「他為啥會這樣啊？」

「誰知道，難道直接問他你怎麼可以這麼摳門嗎？」

「不是啦，我是說你知道他為啥會變成今天這樣的他嗎？」

「這又是什麼哲學問題嗎？」

「那我覺得你其實還不認識他，如果你不知道他的本質，不能回答為什麼的話，這樣你愛的也是個幻影吧。你應該先去瞭解他為什麼會是今天的他。」

的確，這兩個人還真是天雷勾動地火，一見鍾情，活動認識以後，不到幾個月就交往了。我告訴小慧，她應該要去認識真正的阿德。如果不知道一個人的本質，只看到他現在的樣子，沒能知道為什麼他會成為今天的他，那其實也不能算真正愛一個人吧，而只是追尋一個自己腦補投射建構的幻影。

想必我的用心有讓小慧啟蒙到，過不久她又傳了訊息給我。

「謝謝你耶！」

「安怎？我報的明牌中獎了嗎？」

「是你上次跟我說那些，我後來有去跟阿德談，你說的沒錯，我根本不瞭解他。」

接著我聽她娓娓道來。原來阿德有很離奇的人生，他的爸爸開公司，本來生意很好，常常在飯店請客吃飯，他小時候就在這些叔叔伯伯的酒席間長大。後來二〇〇八年金融海嘯，家道中落，生活變得艱困，爸爸的朋友們也都不再出現。

這些人情冷暖對他有很大的衝擊跟影響，所以他對「請客」這件事情本身有很深的芥蒂，而且因為學費什麼都靠自己學貸，經歷過富裕到平凡的生活，讓他對錢這件事情算的特別清楚。

「還真看不出來，我一直以為他家境很好。」

這之後小慧再也沒有抱怨過這件事情。這樣的理解讓雙方都更瞭解彼此，進而能體諒對方。**如果不知道他為什麼是他，代表你其實不認識他**。所以別再從表象來定論，反而要試著深入挖掘「為什麼」，找到真正內涵的本質原因，這是很重要的。

對話法則五：淘金式的問問題技巧

要從「看到表象就下定論」進化到「找到真正的本相來思考」，這當中最重要的是要有淘金式的思維，就是像一個淘金客一樣，不斷在砂石中尋找、篩選，找到自己要的那塊金石。

一般的人使用的是用海綿式思維，就是外在環境提供的資訊，自己就被動的吸收跟接受，把海綿放到髒水裡面，它也會把髒水吸得滿滿的。給了錯誤的訊息，自然會產生錯誤的結論。

因此我們要用淘金的概念，過程中不斷找查，篩掉沒用的砂石，找到那藏於其中的金子，才能看到真相。

這個概念很簡單，就是化被動為主動，從被動的接收外在的資訊，到主動的去問問題，深入瞭解人事物，像一個偵探一樣，抽絲剝繭。但這些裏層的訊息不是上網google一下就能找到的，因此學會如何問問題是第一步。

第一個問題不是問對方，而是問自己。比如開頭的小慧組員缺席商業比賽的故事，比起直接問對方「為什麼不能到？」不如先問問自己「她不能到的原因可能有什麼？」這時候我們就能有幾個選項：一、可能是態度差擺爛；二、或許有什麼難言之隱。

當我們有這樣的認知的時候，我們的憤怒或不滿情緒就會減半，因為認知到，或許有不可抗的因素存在。同時也知道，要先有理由，才會有結論。有這樣的思維以後，就能開始探悉真正的原因，進一步找到表象之外的真相。

而有時候直接問，反而無法得到真實的答案。比如小慧直接問阿德「你怎麼會這麼摳門」，應該只會造成衝突。所以我們要旁敲側擊的收集更多「已知」，試著去全方位瞭解這個人的本質。也就是，問題應該是：「他為什麼會是今天的他？他的性格跟反應是如何造就的？」

這個問題無法直接問本人，因為我們都不一定瞭解自己。所以這個邏輯推演的過程可能就要留給我們，透過各種情境收集到的訊息拼湊，找到證據支持我們的理由，進而分析形成真正的輪廓。

問問題的方式可以很家常。比如：「最近在忙什麼？」「平常喜歡假日幹嘛？」

「老家在哪？過年有啥習俗？」「小時候喜歡的卡通人物是？」這些閒話家常的聊天式提問，都能建立我們對他人更多的認識，有了更多的已知，就能推測他行為的動機與目的。而過程中也不是像問卷式的一直問，也要適時的分享自己的故事，讓對方也更瞭解你。

因此，下次不管遇到人際上還是其他的問題，先別下定論。或許造成你困擾的人，也有屬於他的故事，有他的苦衷。而如果你能瞭解他更多，或許就會有完全不同的結論；同時也能避免在誤會之下產生誤判。

有了這樣追根究柢的淘金式思惟，就能在人與人的溝通往來上，取得很大的優勢。

12 不要浪費時間在生命的路人上

我最近幫公司設計了三款年度紀念T恤，在作內部調查的時候發現，每一款都有人喜歡，也有人不喜歡。最熱門的一款將近七成的人有興趣，但這也代表，有三成的人對這款T恤沒興趣甚至不喜歡。

我突然突發奇想，「假設我是這款T恤，我會不會很難過？」

沒有人應該害怕「因為做自己而被討厭」

這感覺有點荒謬，T恤有什麼好難過的？彩虹有七種顏色，每個人都有喜歡跟不喜歡的顏色，如果今天有一部份人討厭紅色，那紅色應該難過嗎？不，紅色不應該因為自己是一個有人討厭的紅色，而感到難過，因為紅色是它「原本的樣子」。

其實，人就常常就會犯這種邏輯上的錯誤，害怕被討厭，害怕被否定，害怕有人不認同自己。不過我們轉念想想，就連耶穌、孔子這種千古難遇、影響人類文明的導師，都有很多人批評，甚至被醜化到難以想像的境界，何況我們這種市井小民？

我大學的時候，曾經有朋友告訴我說：「你知道那個誰誰誰私底下把你講多難聽嗎？」我的回答是：「喔喔，是喔，不錯啊。」我那朋友愣了一下，疑惑的問我：「你不會生氣嗎？他這樣批評你耶！你明明不是那種人。」

我很淡定的告訴他，「這就是人生啊，我又不是沒說過別人閒話，人跟人之間彼此本來就會有不同的看法。」就像一個產品，再怎樣成功也會有部分人不喜歡，不會有個東西同時滿足所有人的喜好。除非像文革時期那樣用暴力強迫所有人喊一樣口號，那也只是表面不講出來而已。

記得「大嬸不喜歡皮卡丘」

換個角度，假設我今天是一個品牌，這個品牌的定位是以年輕的消費者為主力，有個五十歲的大嬸說她不喜歡我的這個品牌。那麼，是我要檢討嗎？現實生活中，很多人都受到這些負面話語的影響，活在這些其實根本不是自己目標市場的批評陰影中。

換句話說，有人排拒你的時候，你不妨問自己：大嬸不喜歡皮卡丘，難道是皮卡丘的錯嗎？

那麼，我們的目標市場是什麼？就是我們身邊愛我們的朋友跟家人，這些人才是真正會跟我們走過歲月的人，這些人才是真正要在意、真正要為其努力的。如果今天我們家人朋友提出我們應該改正的點，那就應該聽取忠言，思考改進，放在心上。

另外一種觀點是，在一個問卷調查中，有八成的人喜歡這個東西，有兩成的人不喜歡。那要為了那兩成討厭而難過嗎？因為兩成的不滿意而把八成的喜好擺一邊？沒有人會這樣看吧。但我們面對負面攻擊時，常常忘記我們身邊許多支持我們、愛我們的朋友，忘記他們的鼓勵跟陪伴，卻定睛在少數幾個路過我們生命的負面能量，甚至因此想不開想結束生命之類的，這不是很奇怪嗎？

不要在意生命中的路人

前幾天有個朋友告訴我，他在一篇網路新聞下面跟人家辯論，打了幾千字的文章，跟對方吵得不可開交，覺得對方無理取鬧，害得他氣得要死。

我聽完以後爆笑。我問他，為什麼要跟網路上的路人生氣？回文交流是一件很棒的事情，但是很多網路新聞下的留言串都變成發言者彼此無聊的對罵。我想到這裡，就覺得十分有趣。

對那個路人來說，他只看個兩秒文章無聊回你個低俗的謾罵，他根本不在意這件事情，但是很多人就卯起來要捍衛自己，折騰個一整天，其實根本沒其他人在看，只有自己真正在意這件事情。這種感覺就好像小學生在玩網路遊戲，跟人ＰＫ打輸以後氣到砸壞電腦。

如果因為一個素未謀面的網路路人、隔壁隔壁班的誰誰誰、其他部門的甲乙丙隨口講的一句話就氣到不行，那就是浪費美好生命了。這些人都不是我們的目標市場，他們只是生命中的路人。當然假設他的建議是有建設性的，那就應該反思，也不需要難過，因為建設性的提醒，將讓我們成為更好的自己。

但是若因為許多生命中的路人路過隨口噴幾個髒字，就心情跌落谷底，認為自己沒有價值，那也是挺荒謬的。其實，面對那種東西，也是大笑三聲就算了。生命應該浪費在值得你愛的人身上。

◆

我寫過很多文章，刊載在不同的平台上。有些人很喜歡，但也有許多批評意見。有些比較不客氣的，會用一些讓人感覺不舒服的字眼指教。那麼，我要因為這些而不開心嗎？不需要，這是民主自由的社會，每個人都可以發聲，我們應該學會尊重所有人的意見。因為怎樣看這個事情，那是「他家的事情」，我能寫文章分享意見，他當然也能發表看法。

別讓這個「他家的事情」，變成困擾我們的事，這樣不值得，生命有無限機遇跟可能。就像跑馬拉松，不可能因為踩到路上的小石子，就痛到停下來或放棄，反而要挺著這些傷痛，勇敢奔向標竿。最終，這些印記會讓你的勝利更加燦爛。

批評、不認同、別人討厭我們……這種事情通常會讓人沮喪。但我們拆開來想，今天你聽到某甲批評或者厭惡你的消息，第一要問，這某甲對你的生命重要嗎？

假設某甲是我們家人、摯愛的朋友，那就重要了，那就要深刻檢討是不是哪裡能夠改進。但如果只是個不熟、甚至根本不認識的人，因為不瞭解你的本質而產生誤會，那就隨他去吧，也沒什麼好生氣沮喪的。因為我們對他只是個茶餘飯後的話題而已，把他放在心上，反而是高估他在我們生命裡的地位。

今天如果川普親自去回應推特上網友的酸言酸語，大吵一架，然後難過一整天，誤了國事，這不是很可笑嗎？我們都是自己生命的國王與總統，要看得更高。

這就好像哪天走在路上，遇到一個神經病，看到你就滿嘴髒話罵出來。有必要跟他生氣對罵討個公道嗎？如果跟個神經病計較，那別人也會把我們當神經病吧。

所以要怎麼面對不理性的批評跟否定？首先要接受：這是一定會發生的。只要是個人，就必定有人討厭，或者某些部分不認同。這不是個問題，問題是如果因為這種必然的事情而陷入沮喪中，影響日常生活，才會變成一個問題。但這問題不是那個批評的人造成的，是我們自己創造的。

你該如何看待那些誤解你的人

二〇一七年底很紅的一部電影《奇蹟男孩》講述名叫奧吉的十歲男孩，帶著基因缺陷的「崔契爾－柯林斯症候群」，使臉部變形猶如被鉗子從中間拗過。奧吉第一天上學因為面貌醜陋而被同學投以異樣眼光，回家向媽媽哭訴。

他歇斯底里喊道：「每個人都覺得我很醜！他們不願意跟我玩！」

奧吉的媽媽安撫說：「奧吉，你一點也不醜。」

奧吉反駁道：「你是我媽媽才這樣說的！」

媽媽回應：「就是因為我是你媽，這才是最重要的，因為我才是最瞭解你的人。」

這個感人的片段帶給我很大的啟發。有時候我們不應該把目光放在那些不瞭解我們的人身上，他們不瞭解你的生命，不瞭解你經歷過什麼，他們只能看到表面，就隨口講了一句缺德話。

你不應該要因為這樣感到沮喪或難過，因為他們只是從他們看到的一個表面去評價，而你不是那膚淺的表面。

同時，有許多深愛你的人，他們把你放在心上的第一位，真正知道你的故事，願意分擔你的哀傷與喜悅，這些人才是你要關注的。即便全世界都誤解你，你仍然是你，愛你的那些人，你的家人朋友們，也會一直在那守候著你。

所以不要忽略這些你生命中最重要的人們了！因為你永遠是你，不會因為他人的誤解與流言蜚語而改變，就像你明明是個台灣人，有人鬼扯說你是韓國人，即便全世界都相信他而誤以為你是韓國人，但是你是台灣人的事實仍不會改變。

我們唯一要該害怕的是，自己會不會誤以為這些負面的話與能打倒自己，而跟他們妥協認輸。永遠要站得直挺挺的，昂首闊步的向前，因為當你勇敢邁向前方時，這些人會成為你身後的裝飾，越變越小，直到消失在你生命中。

第4步

走向你的新境界

13 你害怕的事情其實不會發生

許多年輕的朋友會來信問我有關生涯的規畫。他們面對自己的未來，常常會擔憂害怕。「我怕如果我做了什麼決定，可能會怎樣怎樣，不知道該怎辦。」或者「我現在遇到什麼困境，讓我很擔心害怕，不知道未來在哪。」這些是信中常常看到的句式。我相信這也是每個人都會面臨到的難題，「恐懼」、「擔憂」、「焦慮」都是我們人生中不可或缺的一部份。

但面對這種問題，我總是會想：「為什麼你會害怕？」

如果對方告訴我：「因為這種情況『可能』會發生，我怕事情演變成不好的結果。」這樣我就會再回說：「那你為什麼不擔心明天飛機掉下來剛好砸中在家看電視的你，這也有可能發生啊。」

我們該如何面對恐懼

面對恐懼，我通常會從以下兩個角度來思考。

為什麼會害怕：我們可以先來想想，為什麼我們會害怕。恐懼的感覺很像有人拿個電動打蛋器，在你的胃裡面無情的轉動，使你在深夜躺在床上輾轉難眠，提心吊膽。害怕擔憂可能有各種原因：怕遠方的家人安危、怕考試放榜的結果不如意、怕公司縮編資遣裁員的名單有自己。但這個怕，都是怕「將要發生的事情」，怕事情走向自己最不願意看到的一面。

我們可以把恐懼當成是在「預支未來可能的痛苦」。比如說，為什麼我們會怕蛇、蜘蛛這種生物呢？這是因為我們認知到，它可能帶來給我的傷害，腦海中預見了走向最糟糕的情況，從而覺得恐懼。懼高症、密集恐懼症都是這種機制，害怕摔下去造成的傷害，或害怕自然界密集且有害的東西，比如蟲子。恐懼讓我們不敢去觸碰這些。

這也是人類自然演化的機制。舉個簡單的例子，如果一個人不怕蛇，那他看到一條劇毒眼鏡蛇還高興地把玩，則他的下場我們都可以想見，因此他的基因通常不會留下來。我們的祖先都是演化上的勝利者，害怕受到傷害，這是一個動物本能的防衛機制。當看到可能的危險，透過恐懼的預警系統，就能促使我們遠離危險。

恐懼的機制：我們都知道「狗急跳牆」的道理，還有在火災的危急時刻人能爆發出平常時候無法達到的力量，這是中學課本中提到「腎上腺素」時，大家都有學到的。而這個就是恐懼的機制，恐懼除了讓我們避免兇惡外，也能在危急時刻帶給我們力量。

在大腦中，引發恐懼的部位是杏仁核，它在我們腦中負責許多情緒有關的反應，像剛剛說的狗急跳牆的「戰或逃」抉擇，以及因為遇到刺激而產生恐懼的記憶。這些機制都是為了讓生物在野外生存必備的一套系統。

《美國科學人》曾經發表一篇研究，怕蛇有可能是基因遺傳下來的。研究人員以剛出生的嬰兒做為實驗對象，發現即便是第一次看到蛇的寶寶也會出現瞳孔放大的恐懼反應，但觀看其他動物就不會有這種情況。而這種機制讓一些科學家提出疑問：為什麼會有天生的恐懼。

美國喬治亞州艾墨里大學醫學院曾以白老鼠進行「恐懼感」的研究：每當受試的白老鼠聞到櫻花的味道時，就電擊老鼠，讓「櫻花」和「恐懼」產生關連，之後只要老鼠聞到櫻花味，就會出現恐懼。對親代來說，這是後天學習的恐懼，但竟然還會遺傳到第二代，也就是下一代也會有同樣的反應。

這兩個故事告訴我們，或許你的恐懼是不理性的。比如上面說到的老鼠實驗，「被電擊」跟「櫻花」兩者之間並沒有因果關係。那會不會我們平常害怕的很多事情，也是一種搞錯情況的烏龍反應呢？就像那老鼠冤枉櫻花一樣，白擔心了？

正面對決你的恐懼

恐懼其實是生存機制，到頭來也是要讓大家「避免危險」，看到掠食者知道怕，然後躲避。

現在時代已經不同，日常生活中遇到能讓人真正致死的情況，不會是在路上被獅子吃掉，或在很高的地方摔死。而且像開頭說的「莫名其妙被掉下來的飛機給砸死」或者車禍這種致命的情況，一般人日常生活並不會恐懼，因為機率太小，不值得害怕。

但這種恐懼機制說到底還是建構在我們心中。每當傳出食安問題，人們就開始緊張自己吃進的食物有沒有問題，怕吃到含有化學殘留的食品。在意識到這個問題前，即便市面上真的存在有害的黑心食品，大家也是大口吞下，毫不在意。所以事情的本質並不會帶來恐懼，是我們的認知帶來恐懼。

怎麼樣可以解決這種焦慮跟恐懼呢？就是正面跟它對決。暴露在恐懼因子下，能鍛鍊我們的杏仁核反應，就像舉啞鈴練肌肉一樣。比如許多人腦子中有恐懼蛇的基因，但是如果把一個人跟無毒蛇放在一起生活，長期暴露下，杏仁核就像肌肉一樣可以鍛鍊。我們也可以借用「久入鮑魚之肆，而不聞其臭」這句話來說，大腦會再次形成新的記憶。

你擔心的事八成不會發生

在這個時代，除非是在混黑社會，才可能會碰到「一個錯誤的日常決策危及自己生命」的情況。大部分我們恐懼的事情，發生的概率都不高，如果你知道百分之一百會落榜，你會擔心害怕嗎？這就好像，你會擔心你買的彩券沒中獎嗎？沒中樂透本身是概率高的事情，所以你不會害怕這件事情發生，概率高的話，心裡早就有準備接受，很難引發恐懼。

這就是「不怕一萬，只怕萬一」，但我們要知道，怕的這個萬一，發生的機率通常很不高。你害怕的事情有八成不會發生，八成會發生的事情早就能坦然接受，沒必要害怕。如果有這樣的心理建設，就能知道，自己有「八成」在白擔心，白白「預支」了痛苦。

大部分我們擔憂的事情都是我們的幻想，那為什麼不聚焦在另一個可能，亦即那個正面的可能，用信心「預支」未來的喜悅？比如信心滿滿覺得自己一定會成功，在未來的事件過關斬將，有好成績。

這時候一定有人會說：如果到時候我失敗，不就白高興一場了，更痛苦。關於這種說法，我們可以這樣思考：那如果我們用恐懼面對，最後成功了，那不也是白擔心一場嗎？就好像在樂透開獎前我們可以選擇期待或者恐懼，大多數的人都是白期待了一場，但就算是白高興，最後結果不好，也比從頭到尾都恐懼強。我們也能進一步思考快樂跟痛苦到底是什麼。

法國科學家兼哲學家帕斯卡（Blaise Pascal）曾說：「所有的人都以快樂幸福為目的，大家都朝這一目標前進。」真想不到帕斯卡除了在中學課本畫三角形外還有這麼有哲理的一句話。不過想必很多人會吐槽說這句是幹話，因為誰不追求快樂？難道有人生來是想要家破人亡痛苦不堪嗎？

的確，如果大家都想要快樂，也都追求快樂，那為什麼大多數的人還都無法如願以償呢？我們先來思考研究一下快樂的相反，「痛苦」到底是什麼吧！

到底什麼是痛苦：智齒的故事

痛苦可以拆解成「痛」跟「苦」。痛最原本的意思是身體受到外力或疾病影響，導致的不舒服感覺，世界上除了得到「先天性無痛症」患者的人外，大家都感受過身體的痛；而苦，一般來說會是指味覺上嚐到讓人覺得難以下嚥的感受。

如果能沒有痛苦，那人生會不會更好呢？很多人討厭痛苦，認為痛苦這種感受——不管是生理還心理——都是讓我們不快樂的原因。那如果感受不到苦痛，難道我們就能更接近快樂嗎？又或者，痛苦真的就是快樂的另一端嗎？

既然痛苦這麼負面，為什麼造物主還要讓人感受到？這就是一個我最近在思考的問題。

前些日子，我的智齒開始調皮搗蛋，讓我痛苦不堪。因為是水平阻生智齒，深埋下顎骨中，看了幾家診所都處理不好，我就回台灣去榮總動個小手術。打完麻藥以後，沒痛覺之下智齒被拔掉了，不過麻藥還要幾小時才退掉，這時候的嘴唇感覺好像不是自己的。

摸了摸下巴，有種奇妙的感覺，麻掉的感覺就好像那是塊貼在你身上的豬肉。等麻藥退掉時，我上網 Google 一下拔完以後注意事項。看到有人說嚴重的智齒會傷到三叉神經，下巴失去感覺。

這下我就緊張了，我一個好朋友就因為拔智齒以後神經受損，所以下巴麻痺，感受不到知覺，因此他常常刮鬍子刮破下巴，或者不小心抓下巴太用力弄破皮。感受不到痛，其實完全不是一件好事。

得到無痛症的小孩，因為感受不到痛覺，常會在玩遊戲的過程中受傷了也不知道，或者咬手指把自己的指頭都吞了也沒感覺。他們一生中常常在日常生活中遇到這種危及生命卻沒感覺的情況。

從這點我們就知道，生物會有痛覺，目的就是要讓我們感知環境，才不會不小心把手弄斷了也覺得沒啥。痛的根本就是要讓我們能更好的活下去，知道啥東西不要碰，痛過以後，留下烙印記憶，形成恐懼，然後未來避免它。

所以為什麼被群體排拒或者不被認同時，會有一種扎心的痛，那種感覺是活生生的心臟被一拳灌爆；也有時候因為憤怒，而氣到胃痛等等，這些在演化上的意義都是要讓你形成記憶，學習在未來避免重複犯錯，用痛來驅使你不要做這些事情或接觸這些東西。

如果我們知道「痛苦」存在的價值其實是要讓我們能活得更好，避免各種潛在的危機，那就能用新眼光看待它。痛的機制不會危害你，而是要你知道，事情不對了，應該換個方向往前走。

痛苦與快樂：兩種並不對立的概念

痛苦跟快樂不是一種二元對立的概念，它們可以一起出現，甚至互為因果，由痛苦來導引出快樂，變成「痛快」，就像是運動中產生的愉悅感。

許多馬拉松的跑者能在長跑中進入一種身心愉悅的狀態，即便自己也知道膝蓋大概已經受不了，這時候卻感受不到痛苦，進入一種平靜的狀態。直到結束，停止跑步，坐下來休息時，才發現大腿小腿疼啊。

這種稱為「跑者愉悅感」（Runner's High）的感覺，可能出現在各種長時間、劇烈訓練下的運動。我們在演化過程中變成持久而非速度型的動物，所以在狩獵或者被追趕的過程中，必須要撐下去。但長時間的運動很痛，不撐下去又可能被獅子吃掉，所以大腦為了跟原本的痛苦機制對抗，就釋放出腦內啡，抑制痛苦，這過程中反而讓人感到愉悅以及成就感，讓人有能耐繼續跑下去。

說到底，這種機制還是要讓人「趨吉避凶」，活得更好而已。

因此，我們再來重新溫習兩件事情：一、痛苦的存在是人類生存的機制，它根本的意義在於讓你能趨吉避凶、逢凶化吉。二、痛苦跟快樂不是二元對立的天使與魔鬼的關係，而是可以同時存在的，甚至導引出對方的。

這個瞬間我們就能開悟了：啊，原來痛苦是一件好事情啊！那快樂存在的機制是什麼呢？吃到美食讓人心裏滿足喜悅，能跟自己喜歡的人共度春宵也是一樁歡喜美事，最重要的是達到目標時，那種勝利的喜悅。這些快樂的來源，其實也是一種機制，就是讓你去追求更好的狀態，成為活得更好的人的一種獎勵機制。痛苦與快樂，都是要讓我們活得更好，讓我們知道如何避免不好的事情，然後去追求快樂的事物。

如何才能快樂

講這麼多，要回來說我們的題目：那為什麼大家都追求快樂，許多人卻一直不快樂呢？因為大多數的人或許不知道快樂／痛苦機制的根本目的，是要我們活得更好，且大多數人只知道「自己想要快樂」，卻沒思考過「怎樣能讓自己快樂」。

美國《富比士》雜誌二〇〇一年報導過芝加哥大學進行的綜合社會調查，調查中前十大的快樂工作，都不是傳統上認為高收入的醫師、律師、工程師。反而是牧師、消防員、社工、作家、教師、藝術家等等。

而二〇一六年美國職業資訊網「Glassdoor」將公司高層職位除外，公布了全美前二十五的高薪工作。雖然教育程度和專業技能與薪水高低息息相關，優渥的薪水和工作滿意度卻無畫上等號，許多高階管理人的快樂程度反而不如普通階層。

這樣看來，「有錢就快樂」這種傳統價值，很可能是把自己推向不快樂的深淵。中國首富、曾是阿里巴巴集團主席馬雲就曾經說過：「每個月賺十億實在很痛苦。」

還引來一堆中國網民嘲諷說，那不如我幫你分憂解勞吧！

但馬雲的痛苦是有來由的。他的錢不能自己隨心所欲亂花，還背負著整個公司的前途，幾萬個家庭都可能因為他的決策而有影響。他因為這些財富，讓自己好像被槍指著頭一樣，只能繼續往前。

美國的威力球跟英國大樂透都有公布過數據，樂透得主有高達七成會在幾年內破產，並且希望自己從來沒中過樂透。為什麼會這樣呢？因為錢能帶來的只有更好的物質，但更好的物質生活達到一個限度後，就會產生邊際效用遞減的問題。吃一個包子很爽，要是一次吃十個包子，就開心不起來了。

那些高滿意度、覺得快樂的職業，都不是能創造高收入的，而是能**實踐自己使命，能幫助到別人**（比如牧師、消防員、社工），或者**創造價值，對後世留下永恆的影響**（像是作家、藝術家）。

所以，財富不會帶來快樂，財富本身也不代表成功，因為我們終將消逝於塵土中。但是短短的這一生，能找到自己真正想做的，進而在過程中感受到成就感，觸發腦中的回饋機制，那才是快樂的泉源。

而痛苦也不是真的痛苦，為什麼跑馬拉松的人能感受到痛快，因為他知道他艱辛的每一步踏出去，都離終點更近，而他已經預見了在終點的喜悅，這讓每一個痛苦都成為他前進的動力，而不是阻礙；是他的墊腳石，而不是絆腳石。

那些不知道自己的終點在哪、目標是什麼的人，那些不知道自己想要成為怎樣的人，不知道自己真正想完成的使命、想帶來的價值的人，都很像不斷跑著滾輪的小老鼠，看不到終點，只為了維持基本的生存，而看不到快樂。

所以，找到你的人生命定，並且去實踐它，這就是快樂的根本。或許你童年有個夢想，現在你還是有機會去實踐它，做一個超越「只追求生存」的人，創造價值。這樣即便過程每一步可能面對痛苦，那個痛苦也會成為「痛快」，你將在過程當中以及抵達終點之際，享受到真正的快樂。

唯一該擔心的事

在追尋目標時，還是有一件事該擔憂。但擔心的對象不應該是「壞的結果發生」，而是擔心「自己有沒有應對的策略」。

很多事情都是機率問題，講白點就是運氣好壞。與其擔心害怕運氣不好，導致恐怖結果，不如想想真的發生以後該怎辦。

這就是為什麼大家買保險會心安，因為知道就算哪天真的生病或者發生意外，也不會頓時茫然無助。所以我們要擔心的是：「有沒有準備一個備案，讓最壞結果發生時，把損害降到最低。」

有了這樣的思維，恐懼自然會消失，因為已經知道就算最壞的情況出現，自己也早就有個方案來處理，不會驚慌失措。所以焦慮本身不全然是壞事，它是一種預警系統。但大部分的人沒看清這預警系統的機制，反而把關注的焦點放在不正確的地方，讓自己白折騰、瞎害怕了。

14 痛苦，是成就的燃料

二〇一七年秋天，我負責公司在校園招募的專案，實地走訪好幾所優秀的大學，在校園裡做應屆畢業生的宣講跟面試。面試過程中，我們一定會問一個問題：「你這一生最大的挫折是什麼？你當時怎麼克服？」

這個問題可以說是老生常談了，面試官想透過這個問題瞭解應徵者的心理素質，以及他的一些人生體悟。感覺不是一個很難的問題，但是令人驚豔的回答卻不多。許多同學都是說「沒考到理想的大學」或者「研究所曾經落榜」。但他們就讀的學校都已經是全國排名相當前面的了。

接著我們會繼續問：「那你如何克服？」

想也知道，沒考上目標志願，這種除非重考，不然也是摸摸鼻子認了。只有「這種挫折」的人生，說實話滿沒意思的吧？說難聽點有點像不食人間煙火。可是再換個角度來想，現在一個二十幾歲的年輕人或許不容易有什麼「重大」的挫敗，畢竟也不是戰爭年代，在這個大多數人出生於小康家境的時代，很難有什麼家破人亡、骨肉分別、顛沛流離的故事了。

困境：每天王子跟公主快樂生活，有可看性嗎？

每個人生命中一定會遇到一些困境、挫折跟痛苦。大家都希望自己生下來就是富二代，是高富帥、白富美，每天開開心心的過日子。如果能像寫故事一樣安排自己的人生，最好是生在有錢人家庭、讀建中台大等一流名校，最後去美國哈佛念個碩博士，畢業後順利進入頂尖企業或創業，過著逍遙自在的日子。

畢竟，誰都不希望痛苦的事情發生在自己身上。但平順的一生，會不會顯得有點無聊呢？換個角度，假設今天我們都是小說家，或者一個編劇家，那你會怎樣撰寫一個能夠吸引人的故事呢？首先主角一定要出身不凡，要不是個沒落的貴族，要不就是一個社會最底層；然後給他最離奇的遭遇，最好遭人誤解，被小人構陷，遇到各種困難。接著，讓他遇到一些貴人幫忙，最後反敗為勝。

不管是歐美小說、韓劇、日本動漫還是台灣鄉土劇，雖然類型各有不同，但都有個大魔王的反派角色，或者劇情都會安排一個非常戲劇化的困境。在這樣的設定底下，主角一定不斷受到阻饒，面對各種敵人，被欺負到一個崩潰境界，然後最後才不斷變強，終於打倒敵人，解決問題。至於圓滿這件事情，永遠只出現在劇情結局的那瞬間。如果是奇幻或科幻小說，那時代設定就一定要在一個動盪的亂世。

為什麼人類喜歡這種故事的安排？就算是愛情故事，也要男女主角遇見各種問題、誤會、第三者、生離死別，才讓他們最後得以完成自己的心願。為什麼要這樣呢？因為平順的故事並沒有訴說的價值，會變成流水帳一樣，沒有衝突、情感，就也感動不了人。

每天公主跟王子快樂生活，有什麼可看性呢？想想看，如果有個故事是高富帥跟白富美，每天開跑車、住豪宅，大家都好愛他們，事業大成功，人生就是完全的完美。這種戲劇有人看嗎？看完大概只會憤怒的說「這是什麼腦殘垃圾」吧！

就算人物設定是高富帥或白富美，也一定要會有出人意料的劇情，比如什麼嬰兒時期被掉包、家族企業面臨破產，或者什麼靈魂出竅、穿越時空等各種灑狗血的離奇過程。這些才有故事性，才能引發人們的共鳴，因為人生本來就是一連串的挫折組成的。

誰想玩簡單破關的遊戲？

在任天堂賣得超火爆的遊戲主機任天堂 Switch 上面，有一款二十年的經典作品，那就是「卡比之星」。卡比之星是一個像馬力歐一樣的橫向卷軸遊戲，就是在２Ｄ平面上不斷移動，打倒敵人過關斬將。這個遊戲的特色是那個粉紅色、長得像湯圓的主角卡比，可以把敵人吸到肚子裡，然後得到敵人的能力。

這款遊戲在 Switch 上備受期待，但是等真的發行以後卻獲得許多玩家的差評與不滿。為什麼呢？因為這遊戲太簡單了。基本上除非手殘、不小心，卡比根本不會死，敵人也弱到不行，可以說找一隻猴子亂按都可以順利破關，讓許多玩家覺得沒意思。這款要價約一千六百元台幣的遊戲，只要七小時就能全破。

有人辯解說，這款遊戲本來就是給小學生玩的，太難也不好。先不管其他的，至少我們能知道：打遊戲這件事情，沒有玩家希望太簡單，按一個鍵就全破。這種遊戲真的沒有玩的意義。就算是會使用外掛的玩家，也是因為想使用外掛克服困難關卡，超越其他玩家，得到快感。

玩遊戲這件事情，越是困難，有時候才越有價值，像馬力歐遊戲，可能後面的魔王關卡至少要嘗試好幾次、甚至好幾天才能破關，有些人有時候還會因為卡關太久不爽。但是正是因為「困難」，才創造出突破後的「價值」。同樣的道理也可以延伸到其他領域，台北市的象山這種週日健走等級的行程，相較於花個七天在台東追尋天使的眼淚，挑戰海拔三千公尺的嘉明湖，完成哪一個會比較讓人有成就感呢？

人生也是如此。為什麼大眾會推崇考上好大學、奧運拿金牌或者其他的成功人士呢？因為他們「突破了困難」。而在這個不斷突破的過程中，同時也超越了一般大眾，成為一個典範標竿。因此，人們會尊敬這樣的人。

屬於你的當年勇是什麼

我小時候家裡住的社區附近有很多眷村改建的國宅，公園裡都能看到很多老伯伯乘涼聊天。我那時最喜歡跟伯伯們聊天，聽他們說當年的故事，有的打鬼子時受了槍傷，還會很驕傲的炫耀；也有分享自己曾經是哪個大將軍的侍衛，出生入死等等。這些當年的「苦難」，都成為他們人生的一個印記，走過那段艱辛更顯出生命的璀璨價值。

所以現在的我每當遇到困難都心想：這實在太好了，越是離奇的故事越是值得高興。因為未來我們克服的時候，就顯現了我們作為人的一個價值，就是頑強的對抗現實。而未來也才能跟自己的孫子說，你爺爺／阿嬤當年做過啥，活了一個精彩的一生。

我去大學院校跟同學們分享時，常常講起我自己的故事：出身貧困的家庭，父母離異，由兩位年邁姑姑撫養，人生也經歷過很多挫敗，高中留級讀了四年，是個大小過不斷的學生，即便出了社會，也遇過面試到處被打槍，曾經多次被人拒絕等等。

小時候不懂事的時候，總是覺得這世界真不公平，為什麼是我遭遇到這些？我跟姑姑寄住在大安區的親戚家，國小有許多同學都來自社經地位較高的家庭，讓我受過不少嘲笑跟羞辱，也曾因為家庭緣故被說是：「沒母愛的孩子」、「爸爸不要的小孩」。

大概在十五歲以前，我的心裡都覺得這實在太不公平了，這個社會算什麼！也曾經很埋怨老天。然而，當我之後站在台上跟同學們分享這段往事，勉勵大家「不要被現實擊垮，要頑強的站起來跟它對抗，唯一能阻礙自我的只有自己」的時候，我突然覺得很慶幸，很慶幸童年遇到的每件事，很感謝法院寄來的那些寫著父親名字的通知，很感謝每一個曾經傷害過我、幫助過我的人，很感謝老師、朋友的支持。因為這些經歷，讓我在生命的早期，就有機會看到不一樣的世界。也讓我有機會在台上跟大家分享：你有無限的可能。

想想如果我是出生在一個完全沒有困難的人生設定中，我的今天有可能是這樣嗎？當然我可能在物質上很好，但是每一個過去，都組成了今天的我，而我很感謝有這樣的自己，讓我在這個年紀有些東西可以「說嘴」，成為一個人生的資本。

猶太人為什麼優秀？

大家都知道，猶太人雖然在世界人口比例中是一個很小的民族，但是對於全球發展卻有巨大的影響力。諾貝爾獎得主中，四分之一是猶太人拿下，美國五分之一的企業家也是。猶太人中知名科學家、企業家的比例遠遠超過其他民族，但猶太人佔整個世界人口比只有六百分之一。因此坊間總是有各種書，冠上猶太人如何教育、如何成功的標題。

這些數據都顯示，猶太人似乎特別優秀。有些人會用宗教的敘事來闡述，說猶太人是「上帝的選民」，但是有兩位科學家想要用科學方式論證：物理學家葛雷高瑞・寇克蘭（Gregory Cochran）跟人類遺傳學家亨利・哈本丁（Henry Harpending）就提出兩個現象。

首先，古代文獻中似乎沒有猶太人比較聰明的紀錄。在西元前，當時普遍認為希臘人比較聰明。而調查住在以色列的猶太人發現，只有東歐裔的猶太人智商平均較高，相比之下流散其他地區的猶太人，如中東、北非、西班牙，卻沒有這種現象。因此他們提出了一個更精確的疑問：「為什麼東歐裔的猶太人智商特別高？」這群人的智商平均是一百一十二到一百一十五，高出歐洲平均值一個標準差。

所謂的東歐裔猶太人，是指居住在德國、波蘭、俄羅斯及周邊國家的猶太後裔。相較於流散在其他地區的猶太人，在這個區域的猶太人在歷史上受盡歧視，不能與外族通婚，職業受到限制。中古世紀的執政者遇到天災常常就把猶太人當代罪羔羊屠殺。但基因上，由於猶太教有不與外族人通婚的傳統，所以跟其他地區的猶太人都一樣都保留一定程度千年的血脈。

兩位科學家認為，在這個區域的猶太人，就是因為他們更容易遭到迫害，歷史上多次遭受宗教的歧視，但也因為這樣的壓力，讓這支猶太人能存活下來的，須要有更強大的智能跟心理素質。而這種特殊的篩選下，也讓東歐裔猶太人在「苦難」的磨練下，擁有比其他民族更堅強的特質。相較之下，他們在其他區域的親戚，因為受到的迫害比較輕微，許多在中東的猶太人可以保持傳統，也被允許做其他事業，所以他們可能從事皮革、肉販等普通行業。

這樣看來，遇到困難是值得慶幸的，因為每個人一定會遇到各種關卡，不管是感情、經濟、健康，但是能跨過去的，就能成為更強大的人。而且看起來如果真的有上帝，他也特別喜歡「刁難」自己選中的人，就像小說家喜歡把主角的遭遇寫的曲折離奇。

那殺不死我的都使我更強大

柯文哲有一次演講說過一句「那殺不死我的，都使我更強大」。這原話出自哲學家尼采的《偶像的黃昏》，充滿了哲理。人怎樣可以變得更強大呢？用鍛鍊身體舉例好了，每一次的鍛鍊都是一個痛苦，但是不斷的讓肌肉筋疲力竭，才能在之後長出更強大的臂膀。

想要成為更強的人，只有經歷各種痛苦的磨練，溫室的花朵只要一到戶外，很快就會染病。打疫苗也是這樣的概念，讓同類型比較弱的病菌感染，身體經過痛苦產生抗體，未來就免疫了。在實驗室的無菌鼠，一生沒有經歷過任何的細菌侵襲，可以說過的很好，不會有啥病痛，但它只要一走出它的小實驗箱，任何小病都可能要它的命。

我想，沒有人希望當那種弱不禁風的無菌鼠。適當的痛苦，才能鍛鍊出不一樣的自己。所以每當遇到一個困難，管他是經濟上、健康上、感情上的問題，都要大聲歡呼，因為知道只要這個問題跨過去，你沒喪失生命的話，你都將成為更強大的人。活著本身就是一種勝利，當你活著而且活得很好時，就是向過去那些跟你作對的人、事、物宣告：「我贏了！」

而如果你運氣很好，一生平順沒有遇到啥，那也恭喜你，代表你可以自己去找麻煩，挑戰自己，跳脫舒適圈，讓自己遇到困境看看，說不定你會有新的機遇跟人生體悟。

現在回頭看看你遇到的問題，十年後的你會怎樣解讀呢？想想學生時代遇到的各種經歷，今天也不在意了吧，或許也只是會心一笑。因此，也跟那十年後的自己對話吧，他會告訴你：他當年走過這段，他覺得很自豪。每一個痛苦跟磨難，都會讓人成為更圓滿的人。

15

掌握真相才能掌握先機

「假新聞」可以說是最近大家最關切的話題之一，網路上充斥各種假消息，連主流媒體都有可能被耍。這幾年陸續出現好幾位造假愚弄社會大眾的人物，有作家偽稱自己的日本血統，有影視名人明明是外籍人士卻說自己是台灣混血兒，也有人只有餐廳打工經驗卻自稱米其林主廚。

「被耍」已經是日常生活的一部份了。保持清醒，也就是不被愚弄，在這個資訊爆炸的時代真的非常困難。公眾人物都有可能騙人，更何況日常生活中人與人之間的小謊言或者加油添醋的誇飾。

要練就一身不被耍的功夫，其實也沒有很困難，只要先學會我們的大腦是如何運作的。

別相信你記得的東西

美國知名心理學權威查布利斯（C. Chabris）跟西蒙斯（D. Simons）有個非常著名的實驗，就是安排學生觀看一個一分鐘的球賽影片，要求學生注意白色球衣球員的傳球次數。看完影片後，再詢問學生白色球衣球員的傳球次數。

這個問題不難，大部分的學生都能答對。但研究人員問出另一個問題時，一半以上的學生瞠目結舌，無法回答：「你有看到走過球場上的大猩猩嗎？」

原來影片中刻意安排一位女學生穿著滑稽的猩猩裝，大喇喇走過球場。一半以上的受試者沒有注意到這件事情。這個現象被稱為「不注意視盲（Intentional Blindness）」，就是在視覺畫面中，不被注意的事物往往被大腦忽略。

另一位美國心理學家伊麗莎白．羅夫托斯（E. Loftus）專門研究「錯誤的記憶」。她做過一個實驗，將受試者童年照片合成到他不曾去過的場景，在實驗過程中拿出照片，告訴他當時的經歷。即便說出來的故事不合邏輯，受試者都會接受這些虛構的記憶，之後甚至深信不疑。

最有名的案例就是將受試者的童年照片合成到迪士尼樂園，並與兔寶寶合照。受試者看到照片跟描述後，開始深信自己童年去過迪士尼樂園，但其實根本沒有，而且這張照片也不可能為真，因為迪士尼樂園不可能出現華納影視的兔寶寶。

實驗結束後受試者被告知真相，許多受試者反而不相信研究人員的說明，認為實驗單位欺騙他們，繼續深信他們「被植入的虛假記憶」。

這兩個有趣的研究是要告訴大家，即便你親身經歷，都可能因為這樣的大腦運作機制而沒看到「真相」，甚至創造出虛假的「幻覺」。這也是為什麼這個時代人人都要裝一台行車紀錄器了，因為目擊者會因大腦的機制，給出與真實有出入的證詞。

辨明真相的技巧

「保持懷疑」大概是在當代虛假消息充斥下，首要的解方。當然這不是叫你永遠疑神疑鬼，認為每件事情都有恐怖的陰謀論在背後操作，或者大家都是騙子。而是說，要對每個說詞都「保持距離」，知道事情後，先不要讓它成為你的一部份。

古希臘哲學家普羅泰戈拉曾有一句名言：「人是萬物的尺度：是存在者存在的尺度，也是不存在者不存在的尺度。」這句話可以被解釋成，這世界上本身就沒有所謂的「客觀」存在，所謂的客觀也只是多數的主觀而已。任何一種信念其實都是一種意識形態的展現，像過去的人相信地球是平的，宇宙繞著地球轉，而今天來看他們認知的世界可以說是荒誕不羈。但反過來想，我們今天認知到的宇宙萬物，或許在三百年後也一樣是錯的離譜。

所以對任何的敘述，其實我們都應該有所保留，這不是說完全拒絕相信，而是給自己一個餘地：「或許有其他的可能存在，或許事情也能有其他解讀。」

其次，世界上沒有所謂絕對的對錯與真理。在伊斯蘭世界，同性戀就是違逆天理的罪刑，是要處以刑罰的；甚至不用說伊斯蘭世界，早期的西方世界也是這樣。過去戒嚴時期的台灣社會，男女當眾接吻都可能是傷風敗俗的事，頭髮過長的青年都有可能被警察找麻煩。從今天的角度來看，當然會以今非古，認為過去的社會是不對的。

但是換個角度想，真的有所謂的對錯嗎？誰能成為那個天秤說什麼是正確或什麼是錯誤的呢？「是非」也只是一種價值體現而已。如果能抽離這個框架思考，就會有更多可能。

舉例來說，人與人之間就常常因為陷入是非對錯的二元畫分而有衝突：不是好就是壞，不是對就是錯，而「自己」理所當然會是「正義的一方」。這些都是衝突的起源。但其實世界有更多的可能，大部分的事情都是落在中間的灰色地帶，端看我們給予怎樣的定義。

每個人都會站在自己的角度描述事情，沒有人會講出對自己不利的。比如你有個好閨密小花跟他的男友大明吵了一架，小花來跟你哭訴，你聽完以後也義憤填膺，覺得大明真的是不可理喻的壞男人，跟著同仇敵愾，這樣也就陷入了這種二元畫分的的陷阱。

事情不會只有對跟錯，大家都是站在自己的立場與角度看世界。很多衝突會產生，也是這個原因，是不同價值體系的接觸產生的摩擦，本質上就沒有對錯。如果先入為主的已經支持一方，那就會陷入剛剛所說的「不注意視盲」，因為你沒看到另一部份的情況，導致你所見所聞本身就不是全部的真相。

另一個重要的技巧，就是假裝你不是你，改從一個「上帝視角」來看世界。我們常常會相信自己第一次聽到的說法，進而接受這個說法，讓它成為自己認知的真相。這也就是為什麼許多人聽聞到與自己過去聽過的不同說法時，會有種抗拒感，進而發生爭吵，因為第一次聽到的說法已經內化成為自己的價值體系，這時我們為了要捍衛自己認知的世界，就吵起來了。

我在職場上曾經看過兩個女生，因為一個無聊的議題吵架：「元宵應該是甜的還是鹹的。」在中國南北方對元宵的料理方式不同，而在是非對錯的二元價值體系下，這兩個來自中國不同省份的女生，認為自己從小接觸到的才是唯一正解，當聽到對方闡述的元宵竟然跟自己認知完全不同，就起了捍衛的心態來據理力爭。

這故事聽起來很荒謬好笑，但其實在我們身邊不斷上演。很多人與人的紛爭都是來自這種不同價值體系的摩擦。其實兩方都沒有錯，且同時兩方都錯了，因為本來就沒有對錯。可是若不能接納另一種說法，就會讓兩邊都變成彼此的錯誤。

包容每種可能，就有機會看到真相

回到一開始的假新聞，我們要如何不被假新聞騙？這個議題再加以衍伸，就可以問：如何不被職場跟生活裡的謠言愚弄？答案就是一直保持開放的心。當你看到一種報導，一種說法，別讓它馬上進到你心裡，先別立刻認為它是正確的。你可以先把它聽進去，但同時也留個空間給另一種聲音，不要馬上下定論。

許多人聽到謠言就馬上跟著義憤填膺，讓台灣出現很多笑話。比如支持同性婚姻的修法明明沒有要把父母改成雙親一、雙親二，也沒有要在性教育裡加入雜交課程，卻有一堆人相信，因為他們馬上接受謠言，成為自己價值體系的一部份，導致他們聽到不同說法後，為了捍衛自己的信仰，起而不理性的對抗。

神棍橫行也是因為這個原因。當人把一種聲音接納成為自己世界觀的一部份後，為了不讓自己的世界崩解，於是選擇持續相信、捍衛那種論調。所以如果想要不被要，從一開始就要知道，有可能存在著各種聲音，而聽到一種說法後，不要馬上相信，先試著找到另一種意見，在正反具陳後再思考自己傾向哪邊，也不要對另一邊有是非論斷的定論。

主動蒐集更多資訊

但我們總不能誰都不相信，最後啥也不用做了。被欺騙這件事情，本質上就是資訊不對等。所以，我們也要開始消彌這樣的資訊不對等。

比如在網路上聽到某某食物可能致癌。先不要馬上相信，要先去蒐集其他更多資訊再下定論。這個時代，取得資訊其實非常容易，google就可以了。同樣的，當有人跟你說某件事情，你也可以試著在心中預留空間，以便容納其他聲音，並主動去找其他意見，像個法官一樣兩邊都問訊。

我自己在看新聞的時候，絕對不會馬上相信，會試著把題目用關鍵字搜尋，看看其他媒體，甚至其他國家的角度觀點是怎樣。知道各方的意見後，再開始自己思考、消化，最後形成自己的看法。同時我也認知到，我的看法也只是眾多看法中的一種，絕對不是「真理」。

我想，這是面對這個資訊爆炸假消息一堆的時代下，最好的方法，讓你可以耳聰目明，不輕易被耍。

16 開創你的無限可能

「宇宙是什麼？」是從古至今人類的一個大哉問。每一段時間，人們都透過自己所理解跟感知到的，建構出自己的世界。神話敘事成為古代建構宇宙觀的根基，每個民族都發展出了自己的神話，解釋了世界跟族群的起源。

這些認知也會隨著時代的推演而逐步改變。比如過去古代的越南也自稱華夏，融入所謂中原上國的起源神話。然而隨著近代西方勢力帶來了民族主義，越南人在尋找自己認同的過程中放棄了炎黃神話，轉而以雄王傳說作為自己民族的起源。

同樣的在韓國，過去多以箕子朝鮮作為自己的民族起源，認為商朝遺臣箕子創建了朝鮮的歷史根基，也以此為榮。千年後，如同越南，韓國人經過殖民侵略浪潮，把專屬朝鮮人的壇君神話擺上了神桌，建構出自己的國族神話。北韓甚至因此夷平了歷代朝鮮國王祭拜的箕子陵，宣稱箕子也是古代中國侵略者，是中國為了入侵朝鮮建構的神話。

這兩個國家，讓今日的自己推翻過去的自我，在時代不斷的演變中重新找尋自己的道路。透過歷史跟神話的詮釋，建構出了國家、民族的世界觀與價值體系。

真的有客觀嗎？

今天，我們可以很輕易地分辨什麼是歷史，什麼又是神話。我們把神話當成一種「無稽之談」，認為歷史就是真真實實發生過的事情。然而歷史跟神話在古代的本質是一樣的，都是人們所相信的那些代代相傳的事物，只是今天我們把歷史跟神話區分開來，試圖用理性的角度建構客觀的世界。但如果過了五百年，我們今天所認知的真實歷史也成了神話呢？

換句話說，真的有所謂客觀的角度嗎？這世界上有所謂普世價值的真理嗎？

在古代，人們相信地球是平的，是一個像碗一樣的天體蓋著大地，不同的國家民族有著不同的敘述，世界的盡頭可能就是無底的瀑布，或者烏龜的四個腳撐住了天地。

隨著科學的不斷發展，這些關於世界格局的幻想不斷被推翻，人們開始知道所謂的「科學真相」。在今天來說，就是地球是圓的，繞著太陽轉，而太陽又不是孤單的大火球，每個天上的星星都是一個太陽，只是距離很遠而已。

這些，是我們現在信以為真的真理，我們深信不疑，即便多數人都沒有上過太空，甚至一生沒有用過天文望遠鏡，也沒有數學計算證明的能力，但是根據所謂權威人士、老師的教導、世界的共識，使我們選擇相信，進而形成我們的世界觀。

而就算是科學論述，三百年前的許多認知，今天都已經被推翻。這樣說來，未來下一個三百年之後，我們現在所認知的世界也可能有天翻地覆的改變。這或許是令人感到害怕的一件事情，就如同我們看百餘年前的美國仍然有奴隸制，或者今天許多國家同性戀仍能被判死刑一樣覺得荒謬不合理，未來的人們在回顧我們的這個二十一世紀時，也充滿許多不解，認為許多我們這個時代所作所為都是野蠻、愚蠢、不可理喻的。

但是，那又如何呢？畢竟我們也活不到那個時代了，如同影響今日世界格局甚鉅的耶穌所說的，「不要為明天擔憂，今天的事，就夠今天煩惱了」。所以去思考這些反而有點杞人憂天的感覺。

這樣來說，我們該怎麼看這個世界呢？如果沒有一個所謂亙古不變、必須要捍衛的真理，那我們存在的價值跟意義又是什麼呢？面對這點時，實在是令人感到恐慌，許多哲學家都在思考這個問題。不過反過來想，這樣同時也代表著，既然沒有所謂的「真理」，那你的人生將有無限可能，因為這一切都是你能去定義的。

中南美洲有很多原始部落，對數字的概念只有：「一個」、「兩個」跟「很多」，甚至沒有「零」的概念，畢竟連中國也是較晚才發展出零的概念（相較於西方）——在傳統中國思維中，出生就是一歲。

對於這些原始部落，沒有精細的數的概念不是一個問題，他們一樣活得好好的。但是當你希望可以用數學式告訴他們五加五等於十這個等式的話，可能就會遇到很大的困難，他們的世界中沒有這樣的概念，他們無法理解這個等式。

因此這個世界不是一個客觀的整體，世界不存在我們的感官之外。假設有一個房間，裡面沒有任何生物，也就是沒有任何人感知過它的存在，那它對這個世界來說，其實等於是不存在的。就像我們在發現冥王星之前，它不存在於人類的世界一樣。

思想之外的世界

世界太大了，橫跨古往今來，甚至超越時空的維度。沒有人可以知道全部的事情，就像每一本書都是一個世界一樣，每個人也都是一個世界。這樣說來，世界不是只有一個，而是有千千萬萬個，你有屬於你的世界，在非洲村落的小男孩也有。

這些世界各自完全不同，各自獨立，或許可能互相激盪影響；而這些世界也不是一成不變的，比如很多台灣人就經歷過世界的崩解跟重組，從過去相信蔣公是世界偉人、我們都是中國人、我們在復興基地要解救對岸同胞，到今天試圖建構出自己的價值認同。

這些世界都是相互獨立、會隨著時間演變的。最重要的是，這些「世界」，從來不存在於思想之外。如果有另一個宇宙，它沒辦法被觀測到，內部也沒有任何有知覺的生命體，那基本上來說，這個宇宙可以說是「不存在」的。但同時，假設我認為有這個宇宙存在，即便我沒親眼看過，但隨著我相信，它也已經存在在我的世界裡了。世界的建構是在於「認知到」與「相信」這件事情上。

或許這樣講太過抽象，我們假裝有個道教徒跟穆斯林在對話。道教徒相信媽祖保佑他賺大錢，努力的還願，他也不排斥其他的神；而穆斯林卻覺得這個道教徒是無稽之談，或者遇到邪靈，因為世界上只有真主，其他都是虛妄。

這樣兩個價值觀的碰撞下，我們不能全然理性地去裁判說誰是對的，誰又是錯的，因為這些是屬於他們個人的經驗感官，他們自己內在的世界宇宙觀。而這兩者也不衝突，他們是兩個個體，當然可以擁有各自獨立的體驗、記憶跟感官。

但問題來了，大多數的人沒有認知到「世界」這個概念是多變的，有各種可能的，每個人都能有專屬的世界。因此當看到與自己價值觀不同的事情時，就會試圖去指正，甚至想要用激進的行動去矯正，這就是許多衝突甚至恐怖攻擊的來由。

仇恨就是這樣來的。當我們面對不同價值觀的人，往往會認定這些人的存在，威脅了自己的世界觀與堅守的信仰，因此我們可能進一步想要去制止，以維護自己的價值體系。今天許多網路上的謾罵、歧視仇恨言論，都是這樣誕生的。

你可以建構新的世界

世界其實沒有一個普世通用的準則或圭臬。伊斯蘭是一種方式，自由民主是一種方式，完全沒有想法只想度過每一天，這也是一種生活方式，它們可以共存而不衝突。世界其實是由我們創造的，每一個個體都創造出自己的世界，如果地球上只有岩石，那地球就沒有「世界」，因為沒有人可以感知，進而去思考如何建構所謂的世界。

是我們創造了世界，我們每個人心中都有一個世界，它可以有各種形狀，可以有各種可能。瞭解到這樣的「真相」時，我們才能真正的自由，我們就有機會突破過去先人或環境帶給我們的各種框架跟束縛，解構這些既定的傳統與思維，找到屬於自己的思想，從而建構新的世界。這也是推動歷史不斷進步的動力。

同時我們也要知道，每一個生命的存在，就是一個個世界的體現。意即你能在心中建構出你的世界。另外，我們也要知道，這個世界不是只有自己，我們與其他「世界」的調和，也是一個很重要的課題。

講到這裡，我只是想要告訴你：「是你創造了你的世界，因此你將有無限的可能，能去定義你的人生」。是與非、喜悅與哀傷、恐懼與驕傲，這些東西都是誕生在我們心中，而不是外在。然而我們知道上述這個「真相」的同時，也要認知到，我們心中的那個世界不是唯一的世界，我們要試著跟其他的價值體系互相尊重，共存共榮，這會是我們創造出自己生命可能前的第一步。

結語

你可以改變世界

我小時候聽過一個故事，是說征戰各處、幾乎統治大半個當時西方世界的查理曼大帝死前，吩咐他的大臣不要把他下葬，而是讓屍體坐在自己的豪華王座上，穿著華服，頭戴皇冠，手上拿著一本聖經，而手指則是指向聖經中的某一頁。

他指的段落，是聖經新約馬太福音十六章二十六節：「人若賺得全世界，賠上自己的生命，有什麼益處呢？人還能拿什麼換生命呢？」

這似乎不是個歷史故事，而是個傳說，因為我至今還沒能找到這故事的歷史記載。但若是從寓言的角度看，這篇故事乍看好像在說人生苦短，死了就沒了，我們都會死；但如果談到死後啥都沒有，那似乎也太悲觀了，感覺這生一切努力都有天將歸零。

許多宗教都在探索生命這個議題，不論是基督教的永生、道教所說的長生不老、修練成仙、佛家說的脫離輪迴、達到涅槃，其背後都隱含著對「死亡」的抗拒。畢竟如果死後什麼都沒了，那這輩子會不會白活了呢？人生又到底有什麼意義呢？假設大家都終將一死，那就會陷入一種虛無主義一般的輪迴。

只有你能解答

國小的我就在思考這個議題。小時候的我最喜歡吃麥當勞的麥克雞塊，我阿嬤也很喜歡，姑姑偶而會帶我去吃。沾著糖醋醬以後鮮嫩的雞塊，那滑順的口感，一口咬下的鮮汁，真是我的最愛，吃麥當勞成為我當時除了每週看神奇寶貝外，最期待的一件事情。

我那時年紀小，常常無聊回頭看自己的便便，每天觀察。就在突然的某天，我正回頭欣賞著它，突然靈光乍現：怎麼好像每天都長得差不多？不管是吃饅頭、吃中餐、去夜市吃牛排、吃麥當勞，最後出來的都是那個樣子……

想著想著我就愣住了，體悟到一種好像「萬物最終就如我的便便一樣，會有同樣的歸宿」的感覺。從小我就愛胡思亂想，突然有個想法：「歷史故事裡的國王，跟路邊的乞丐有什麼不一樣？他們現在都不在了，都歸向塵土，有一天我也會這樣。」一想到這突然讓我恐懼了起來。

我把這樣的問題，問了我當時的導師許慧貞老師。頑皮的我常常被老師留下來開導。我就問老師：「我們為什麼要認真讀書、要當乖學生？就算我考上建中台大，以後功成名就，我最終也是一死，所有人都一樣，那我們為什麼要努力活著呢？」

聽到我這個十一歲小男生講出這種話，許老師沒有嚇到吃手手，沒有嚇到瞪大眼睛。她只是略微詫異，沒想到班上竟然有個小哲學家！於是她很淡定地把幾個字慢慢講出來：「我不知道。」

這種回答，讓我愣住了，想不到老師沒有講道理，原來老師也有不知道的事情。許老師接著說：「那是你的人生，我沒辦法告訴你你的人生價值跟意義在哪，你要自己去尋找，只有你能給自己解答。」

或許，你可以一直「活著」

「所以你去閱讀吧！閱讀能讓你與古往今來的人對談，瞭解人們曾經有過的想法跟知識。透過這個方法，你或許能找到屬於你的解答！」老師這樣說。

這段對談在我心中留下極深刻的印記。許老師是致力於推廣閱讀的老師，每周總是安排讀書會，讓同學們一起閱讀、討論。我過去不是愛看書的小孩，似乎有點閱讀障礙，連漫畫裡的注音國字都可以讀漏，都可以看不懂。但那次之後，我開始努力的看各種課外書，中學時候我就看老莊、世說新語、戰國策這種古書。

老實說，這些書沒有讓當時的我找到「人生的意義」，但卻讓我發現，人好像可以一直「活著」。比如千年前觸龍與趙太后的對話，被記錄在戰國策中，他們這段話拯救了趙國，雖然這兩個人早就都灰飛煙滅，他們的國家也只成為今天中國的一省，但他們留下的故事卻在每一次一個人閱讀到戰國策時，重新上演了起來，「存在」在了這些人的心中。

「人好像不是死了就沒了」，這個想法開始在我心中萌起。

迪士尼的動畫《可可夜總會》就是在說，在墨西哥的亡靈節時，死去的親人會穿過冥橋回到人間跟家人團聚，但必須要在世家人在神桌上放上祖先的相片。墨西哥人在亡靈節這天會緬懷亡者，訴說著家族的故事。但如果，在陽世間的親人已經沒有人記得這位亡者，那亡者會在死後的世界真正的死亡，真正的灰飛煙滅，不留下任何東西，好像沒存在過一樣。

如果這個世界上最後沒有人記得你，你的存在沒有留下影響，那才是真正的死亡。

人真的很渺小，如果從 google earth 那種天空上往下看的上帝視角，我們都小的跟芝麻一樣。光是台北市就有兩百萬人，兩百萬的意思是二後面有六個〇，我們在台北就只是兩百萬分之一而已，一個大型螞蟻窩就差不多兩百萬，我們就像螞蟻窩的螞蟻，對這個城市來說只是兩百萬分之一。

如果我們總是活在別人的要求跟期望下，不斷的往前奔跑，就會像被豢養的倉鼠一樣在滾輪永無止境的前進。這是我們要的人生嗎？我相信沒有人希望自己的人生這麼公式化、沒特色，只是活在他人跟社會的期望下，像被命令一樣不斷往前。

但要怎麼扭轉呢?怎樣讓自己這一生或許八十年沒有白活呢?

其實我也不知道,因為每個人的選擇不一樣,每一個人的解答也都不一樣。唯一確定的是,如果就這樣庸庸碌碌的過一生,什麼也沒留下,最後被遺忘,那就真的好像活過跟沒活過一樣,白活了。

也就是,比如我是一九九〇年生,我或許會在二〇九〇年左右壽終正寢。我們就切兩段,一段在我出生之前,另一段在我出生之後,這兩段時間都沒有我。假設在我出生前跟死後,「有我的世界」跟「沒有我的世界」這兩者完全都一樣,那我真的是白活了。這樣的話,當我過世時,就真的死了。

做個有影響力、帶來價值的人

留下影響,對世界帶來改變。這就是當我們的身體化為灰燼後,我們能繼續存在的方法。舉個老套的例子,甘地這個人老早就不在了,但是他至今活在許多人心中,他留下來的影響改變了千千萬萬人的生命。又比如史蒂芬·賈伯斯,他雖然英年早逝，但是他對人類社會帶來的變革跟影響，至今仍主導著世界走向。他們其實一直活著，活在大家心中，活在大家生活中。物質的會消逝，但精神將永遠留下來。

因此要達到「可以一直存在」的目的，就是**為世界帶來好的影響，為世界創造價值，做出改變，讓世界因為你的存在而有不同**。我想這是每個人創造出屬於自己人生意義跟價值的根基。

我這樣說，並不是意味著人人都要去當偉人，帶來好的影響。我們不一定要家財萬貫或權力很高，只要做好每一個當下，有意識的去帶來改變，就算是小學生提案去做環保淨灘，都能傳遞出改變世界的力量。

如果最終答案是「成為對世界有價值的人」，那題目就會是「如何做出對這個世界有價值的事情。」

那接著，就要找到自己的「命定」（Destiny），好像小說裡的腳色，每個人都有個定位。其實人生也是。找到人生的意義，本身就是人生的意義之一。這個意義就像一個使命，專屬於你的任務，透過完成這些任務體現我們的價值。

而這個命定要如何尋找？它會是一個漫長的旅程，也或許在人生每個階段都有不一樣的詮釋跟可能。我們可以拿出一張白紙，中間寫下自己的名字，之後寫下一百個屬於你的人格特質跟理念，或者你在乎跟喜愛的事情。它們可以是：誠信、健康、快樂、幽默、兒女、愛人、文學、日本、家庭、保護勞工、自由主義、動物、環境、女權……等等，可以天馬行空。

寫完以後，開始用減法，刪去你覺得可以放下的東西。每刪除一個，都是對人生的一次審視，思考為什麼這個點是自己可以放下的，以及它在你生命中的意義。最後大概刪到只剩十個名詞，我們就可以看到一個輪廓，屬於你的核心關鍵詞。它們或許會是：誠信、NGO、環保、勞工議題、家人、文學、健康、快樂、財務自由、討人喜歡等。

剩下的這些，就是你最關注的事物，這些關鍵字描繪了我們當時的人生，以及最重要的事務等等，而這些就能整合找到一個屬於自己的核心價值觀，成為自己完成人生命定的行為準則。把這些關鍵字組合，就能成為創造價值的依據，也就是我們的「標的」（Destination）。有了標的，我們就能找到自己的命定。

這時候，或許就能找到自己的心之所向，找到自己想成為的人，找到屬於自己的人生命目標。透過實踐這樣的目標，再結合前面章節所說的規畫分析方法，草擬出專屬於你自己的人生藍圖，一步一步邁向自己的目標，進而創造影響世界的價值，不枉費這生，讓自己有機會免於「真正的死亡」。

第5步

看看別人走過的路

17

從雲端摔下的男孩，如何在越南建立自己的事業

我在經濟部國企班（ITI）時就讀的是旗艦班兩年期英語組，校區在清大跟交大中間的經濟部專研中心，每天就在這個被森林包圍的基地苦練語言跟經貿。這兩年影響我很深刻，但更深刻的是認識一位大我一歲的學長，程翰亭，英文名字是Leo。

在ITI也有學長學弟的制度，就像大學一樣會抽直屬跟分家。我第一次看到Leo就是在家聚上，他晚到了，進來以後跟大家寒暄，他的笑容很燦爛，對待人也很真誠有禮，幾乎每個跟他接觸的人，都會很喜歡他。

受訓時間中，Leo 就是個風雲人物，他與附近的清大交大合作，舉辦了許多交流英語商務相關活動，同時擔任外貿協會的商務競賽總召，與業界廠商洽談各類合作，成功舉辦了貿協歷年來最大的學生商業競賽活動。在國企班這樣高壓培訓的環境裡能做這麼多事情，真的滿厲害的。

我一直認為，像他這樣陽光帥氣，待人溫敦又有想法有能力，大家都很喜歡的年輕人，大概就是所謂的人生勝利組吧。但當我更加認識他，才發現今天的他其實也是過去人生階段中不斷的積累。

人生的路徑

Leo 出身台中大里，他告訴我，他過去曾經是一個非常害羞內向的男孩。「如果要說我的學生時代，就是那種成績不好，體育也差，不參加社團，高中社團時間都躲在廁所的人吧。」當他說出這句話時，我真的很難想像。

原本活在舒適圈的他，二〇〇八年金融海嘯使得家中經濟遇到困難。從小讀著私立學校，生活無虞，卻在升上大學開始面對要自己負責人生的轉折，家中無法支持，背起學貸自立自強改變了他的一生。

大學時，因為家中遭逢劇變，讓Leo看到真實的社會面貌，靠著打工接家教等負責自己的生活費，減輕家裡的負擔。但他也沒有放過大學參與活動的機會，參加了AIESEC的國際志工服務團，到了四川偏遠山區做服務，那次的經歷讓他大開眼界，來自美國、印尼、中國等各地青年的交流給他留下深刻印象。

Leo跟我說，大學時他最喜歡看的就是成功學相關的商管經貿書籍，期間他也參加許多活動，當過跨校全國貿易科系聯賽的總召，組隊參加全國創業比賽，北桃兩地跑，報告時專門選擇跟海外交換生一組。這些看似吃力不討好的經歷，都成為他日後職涯攀爬的養分。

大三時，有感於許多創業的企業家或公司高管都是從「業務」出身，Leo在大學前三年就修完學分，大四只剩下四學分，準備提前踏入社會，想找尋業務相關的工作。然而因為還沒有大學文憑，加上每周半天的上課時間，讓他很難如願找到正職進入社會磨練，最後因緣際會在一次與辦活動認識的保險業務主管聊天中，進入了保險領域。

就這樣，大學期間他就開始從事保險業，在這一年半的業務實操中學會了如何與人應對進退。入伍後，他也開始思考未來的人生，想繼續從事業務相關領域的工作。這時他看到眼前兩條路，一個是繼續留在保險業，第二則是去念MBA，增進自己的經貿能力。他左思右想，發現其實他最想要的是走出台灣，到海外發展。

他上網搜尋相關資訊，在google打「海外工作」時，知道了經濟部有開設國企班專門在培訓外派人員，便起心動念報考。「當時我原本想投考阿拉伯語組，因為我就想去沒有人去的地方，有不一樣的人生」，最後Leo才進了國企班，我們也因而認識。

國企班的最後一學期，學員會被派訓到歐美各國，但Leo卻選擇去越南。我問他為什麼，他說一開始是很幸運的錄取華碩電腦在馬來西亞的實習機會，滿心期待地買了馬來文的課本，請教大馬僑生同學，準備自習。不久後卻接到公司人資的電話：「越南分公司的主管想要用男生，但是這次錄取的是個女孩，不知道能不能跟你商量換一下。」就這樣陰錯陽差地，他最後流轉到了意想不到的土地越南。

他在越南的故事，深深的啟發我，也影響我讓我想往東南亞發展。隔年我也申請到華碩越南的實習機會，雖然跟 Leo 不同部門，但是我們也有更深入的接觸交流。

從實習生到創業

他告訴我，原本在越南他只是個實習生，在主管們都沒空搭理他的時候，主動向同事請教，每天匯整自己觀察到的心得跟建議，讓主管留下很深刻的印象。最後直接留用他。

實習結束後，Leo 就成為了華碩越南公司的產品經理，入職三個月，便接下了當地平板電腦的業務，在越南華碩產品發表會向當地媒體做簡報介紹產品。這樣高強度的挑戰讓他成長進步的十分迅速。他也成為我的典範，我當時告訴自己，有一天我也想這樣。

大部分華碩的產品經理，都是在台灣受過完整訓練再派出去的，Leo 則是因為受到賞識而留任，因此很特殊的沒有在總部待太久時間，辦完報到手續不久又飛回越南任職。這過程中遇到很多困難，比如越南當地的市場北中南三區各有不同生態，當時不會越語的他，經營當地市場又要透過旗下當地業務溝通，加上管理，讓他遇到很多挑戰，卻也學到了他這一生最重要的觀念。

「那段做 PM 的時間，最重要的是讓我學到了 Ownership 的概念，就是把自己當成這個公司的老闆，產品什麼的就像孩子一樣要把屎把尿。」當時二十六歲的他，已經面臨要協調全越南十三個當地業務的的重責大任。

這段在越南的時間，他不同於一般台幹在郊區的工廠從事廠區管理，Leo 反而在各地市區拓展業務，交到了許多當地的朋友，越南朋友比台灣朋友多很多。這過程中更讓他找到了現在的創業夥伴。他發現，當地很多基層經銷商多不通英語，語言成為一大阻礙，所以在工作繁忙之餘，Leo 也開始學習越南語。

在越南華碩發展的十分順遂，卻思考到這或許不是他最終的終點，看到越南蓬勃發展的經濟帶來的可能性，讓他有留下來長遠發展的想法。「我知道我不適合在郊區的工廠上班，但要留在越南的市區工作，大概只能在當地越商或者外商企業工作，或者，創業。」

那個時候，Leo 只想著趕緊學好越文，有機會到當地外商，進入人生下一個階段。然而隨著台越雙方交流近年來不斷升溫，也越來越多朋友來越南找他，他也發現許多人的問題點都一樣：想知道哪裡有好吃好玩，雖然網路上有許多部落格遊記，但仍不能滿足那些「相信在地人」的旅行者。他招待了六、七組訪越朋友後，開始思考未來的可能。

自己當過背包客走遍二十幾個國家的 Leo，發現旅人有兩種，一種是喜歡旅行團安排好一切的跟團客，這種人通常年紀比較大；另一種則是一切自己來，一張機票就走的年輕背包客。但在這光譜間，有一種介於這之間的人，就是會訂好機加酒套餐，到了當地又想找嚮導做深入旅遊。

接待過幾組上述的旅行者後，Leo 發現了商機。真人在地嚮導的問題是費用太貴，如果好幾天，還要負責他的食宿，安排的行程也較固定化，沒有彈性，不一定能滿足旅客。要是能有一個產品，是可以同時具有彈性，又能提供在地的旅遊指導，那一定能滿足這些人。

這樣的構想下，Leo 的創業思維就萌芽了。他找了過去在越南認識的幾個當地朋友，一起構思這個創業大計。在當地創業夥伴的協助下，成功完成了商業登記，安排辦公室等。

事業慢慢起步進入軌道，後來有幾家電視台也到越南去訪問他。回台灣的時候，常常有許多的媒體邀請訪問。現在許多的台商到越南考察，都會指名 Leo 的服務來安排行程。

之後我訪問了許多海內外年輕人，我發現那些在事業上成功的年輕人，都有很高的相似性。就是在很早的時候就展現企圖心，並且積極思索未來。

18

曾經自認失敗想重考的她，23歲成為知名飯店公關主任

黃喬婉，我大學的學妹，英文名字是Wendy。我們差了三屆，我大四的時候她大一，她一入學的時候就是系花等級的正妹。不只我們系上，很多外系的臭宅看到那時的喬婉都很興奮。

那時的我們都覺得，喬婉是個陽光開朗的女孩。當時我們不知道的是，喬婉不只不開心，還一心想要轉學。

在考完指考後，她對自己的前途並沒有清楚的想法，也沒有特別的興趣。她就像許多高中生一樣，依照成績和社會上認可的「主流科系」填志願，當時的她心中

只有一個目標，就是希望大學能繼續留在家鄉台北。

然而令她意外的是，她最終錄取了她完全沒想過的歷史系，而且還必須離開家鄉，前往陌生的台中。對她來說，這樣的結果簡直等於「落榜」。

喬婉毫不猶豫的前往南陽街補習班，鐵了心打算重考。但是考量到重考班花費的時間跟費用，喬婉選擇了折衷的辦法——仍然來到台中就讀中興大學歷史系，並同時準備轉學考，希望能在隔年回到家鄉台北讀書。

實習對人生有什麼幫助？

不過，在大一的寒假，她看到興大學生會的幹部訓練營訊息，於是報名了培訓。沒想到這個不經意的舉動，卻成了她之後人生的重要轉折。

訓練營之後，活潑的喬婉選擇繼續待在學生會。她在學生會的第一年協辦了許多活動，優異的表現讓她在隔年被拔擢為幹部，擔任學生會外務部部長。我和她同系，又因為同在學生會的關係，可以說是看著喬婉成長的。

外務部是學生會對外行銷公關的部門，而興大學生會一年有高達三百萬的預算，是一個上百人的大型「學生政府」組織。在過程中，她曾代表學校與巨匠電腦、Yahoo 等大企業洽談合作，學習對外公關跟組織運作的精華。

另一方面，喬婉參與也創辦過各種社團。每個暑假她除了籌畫活動外，便是到企業實習，四年間她去過證交所、台經院、土地銀行與科技新創公司。因為後來開始搞社團跟實習，喬婉沒有如一開始所願轉學回台北，而是轉系到了應用經濟系，而這時的她也早已不想離開台中了。

我曾經問喬婉，這些實習對她人生有什麼幫助，她說：「我現在反過來看，大學時候的實習經驗，對往後人生真的很有幫助，豐富了人生閱歷。你實際參與過，才知道自己真正喜歡什麼、適合什麼。我去銀行實習後，才知道銀行那種工作不是我想要的，也在這些摸索中更確定自己的興趣跟志向。」

到了大四，喬婉喜歡與人接觸跟辦活動的性格，讓她也閒不下來。雖然已經報名了研究所補習班，她的生活還是塞滿了活動、演講甚至報名競賽。那年她參與甄選了中興大學內「高希均經濟知識研究室」的實習生選拔，最終獲選成為研究室的活動總監。

這時，她展現出對商業、新創的興趣。她在校內邀請了商學院的外籍教授，舉辦為期一年共讀《哈佛商業評論》的英語讀書會；同時，在二〇一四年前後，正好許多大學生新創蔚為潮流，喬婉也邀請了北中南各地的學生新創團隊來到台中，舉辦系列的講座跟論壇。在辦活動的過程中，她開始對青年新創有很大的興趣，認為年輕人也有翻轉世界的可能。

她先後參與了校內外許多的商業與創業競賽，從校內小論文、短評，到校外的SAS玉山銀行商機創意大賽等各類比賽，最後都獲得不錯的成績。

理念與現實的交會

而影響她最深的，是世界公民島舉辦的社會企業創新競賽，在這個比賽中，她花了將近一年的時間準備。說來也有趣，喬婉會組織團隊參與，最開始的原因竟然是「爸媽不提供海外畢旅的旅費」。一心想去海外看看世界的喬婉，為了出國，只能靠自己，因而找了許多補助出國考察的創業競賽。

剛好那時的喬婉很喜歡自己煮東西，她常常在超市等下午五點過後的特價生鮮。看到時間一到，許多婆婆媽媽瘋狂搶購貼上特價標籤的食材，讓她留下很深刻的印象。但她也發現，即便有特價，仍有許多賣不出去的產品最終被迫丟到垃圾桶，浪費了許多食材，促發喬婉開始思考解決之道。

一開始，她想要透過製作 App 讓大家知道哪裡有便宜的即期特價商品。後來，她發現在許多歐洲國家有許多量販超市將當日賣不出去的食材提供給餐廳做成料理，用便宜實惠的價格提供給有需要的人。

她帶領著夥伴寫了一系列的社會新創企畫，想要跟超市合作，用共享冰箱、剩食餐廳等方式，讓食材不被浪費。這個企畫在規畫階段受到許多關注，喬婉的團隊曾到中國醫藥大學、成功大學、豐原高中等學校分享理念，甚至獲新竹女中學生專訪。之後，喬婉的團隊前往歐洲考察當地如何處理剩食問題。

為了實踐她的社會新創理念，在台灣引入歐洲的剩食處理方式，她曾與許多大型量販店洽談合作可能，但或許是社會歷練不足，許多企業認為提案難以實際執行而拒絕了她。為了深入瞭解產業，實踐理想，在本有更好待遇的機會下，喬婉仍決定進入知名的連鎖超市擔任薪資不到 30K 的儲備幹部，從基層做起。

在超市內擔任生鮮負責人，喬婉同時要應對廠商跟客訴，經過一年歷練，瞭解整個體制後，她才知道理想與現實的差異：由於食安風險，共享冰箱、剩食餐廳等解決剩食問題的方法，確實在實際執行上會有挑戰，同時也存在著許多可能風險。知道過去的社會企業創業發想或許現階段難以實現後，喬婉重新思考人生的前途，並決定轉往另一個知名的百貨集團，擔任 CRM 專員。

多元的人生閱歷

靠著大學社團跟實習學習到的許多技能，這份工作她很快上手，負責與其他廠商的異業合作。當中她接觸到了各行各業，對於職涯又有了新的想像，這份工作做了八個月，她就跳槽到老爺酒店集團，擔任行銷公關主任一職。

事實上，以她畢業後工作不到兩年的經歷，加上又是跨產業的轉職，依照常理應該是無法擔任這樣的位置。一般五星級飯店的公關主任，二十七、二十八歲就算很非常年輕。

然而，招募主管卻從喬婉大學的豐富經歷跟對社會實踐的理念中看到了可能，大膽的聘用她這位年輕人，安排在重要位置，從媒體關係的經營到社群行銷的管理，高壓的挑戰讓她快速的成長，而她在團隊中的付出也屢獲佳績，不負眾望。二〇一八年喬婉服務的單位，在團隊的努力下獲得台灣設計展的良品好店殊榮。

「或許我能有這樣的機會是因為『人生閱歷』多元，當時我畢業不到兩年，但是我從大學就開始累積社會經驗。透過社團參與、企業實習、競賽成果跟海外考察，我更認識自己，也擁有更寬廣的眼光去看世界。這些經歷實實在在的為日後職涯打穩基礎，也更確定方向。當然也很感謝當時大膽聘用我的主管們，讓我有機會跟著公司一起成長。」當我問起喬婉她怎麼看她的出眾表現，她這樣告訴我。

19

不信台灣「十年磨一劍」說法的他，23歲在非洲當銷售經理

我有個癖好，在文章上線的時候常常會看看有哪些人分享我的文章，無聊看看這些人的背景（真的很變態）。幾年前我一次偶然，發現一個分享我的文章的讀者所在地竟然是非洲迦納，這激起我的好奇心，我點進去看，大驚失色。

當時我正在寫一篇有關傳音手機在非洲暢銷的文章（別忘了我在科技業工作）。傳音是一個中國手機品牌，在中國默默無名，卻稱霸非洲跟印度市場，我正在搜尋寫文章的相關資料。想不到臉書眼前這個年輕人，就在傳音工作，而且還是主管級人物。這更激起我的好奇心，我立刻加他臉書，說明我的來意，跟他詢問公司的情

況。

後來我們成為了朋友，回台灣聚聚聊聊過幾次，才發現我們原來有許多共同好友。深入知道他的經歷以後，我更是佩服不已。他叫張海德，認識他時才二十三歲，卻已經是國際知名手機品牌傳音的銷售經理，當時他帶領一個十五人的團隊，主管迦納南方兩省（Western & Central Region）的業務。

從社運到企業

海德的故事其實也很有趣，他原本最開始是個「社運青年」。二〇〇九年，高中剛畢業的海德，因為父親是律師，他有機會接觸到與司法議題相關的NGO，並進入其中擔任實習生。從「白海豚會轉彎」的國光石化案到雲林六輕，他瞭解了許多社會議題，進而開始參與、關注，並開啟他的環保社運人生。

在這樣的環境下，十幾歲的海德開始跟社運結下不解之緣，協助過許多相關議題的募款及志工活動。然而，高中時的他，卻沒有選擇跟父親一樣的「法律」專業，或者自己關注的「社會工作」為目標科系。他當時心裡想，許多企業都可能成為對社會有巨大影響力的怪獸，如果這些企業都能瞭解「道德並不必然與利益相互衝突」的道理，或許就不會產生這麼多社會問題。因此，他將「企業管理」擺在自己心中第一位，期待有一天能透過創業或者成為有決策影響力的高層，從內部進行改革，讓企業在獲利的同時，仍堅守社會責任。

二〇一二年七月，日商愛普生籌畫的「綠領精英培訓計畫」，在台灣廣泛招募各領域學子，獲選的菁英將赴日接受愛普生的企業社會責任培訓。當年剛收到中山大學企管系錄取通知書的海德，成為了該計畫最年輕的團員。

「十八歲的張海德剛考上中山大學企業管理系，已迫不及待想創業。他為自己印製了名片，名片上的職稱竟然是『改變供應商』。張海德解釋，他最希望改變的是目前主流商業模式，因為他相信環境和企業是可以並行發展的。張海德對環境的關懷始於高中時代，參與了國內某個環團發起的白海豚環境信託。」

這段文字，其實是當年《遠見》雜誌採訪海德的記載。高中剛畢業的他，為自己人生志業喊出了宣言，在媒體上刊載。年紀輕輕的他，就因為社會運動的實踐，確立了生涯目標，並且在往後的日子堅定不移的在這條路上前進。

我跟海德有很多很像的地方，比如我們都長的很帥……不是啦，就是大學他也是很活躍的人物。海德大一下時，就展開第一次的創業。當時的群眾募資發展得十分蓬勃，海德注意到這個趨勢，思考著如何透過新的商業模式，讓ＮＧＯ能有更多的資源，進而透過公平正義的手段被分配。

他跟幾位台大的朋友構想出了一個物資捐贈平台。他認為許多ＮＧＯ其實不需要錢，需要的只是一般人家中沒妥善利用的物資，為此，他想要創辦一個平台來媒合，讓物盡其用，所有資源都能夠妥善的被利用。

這樣的想法最終卻沒能開花結果，經歷一年餘的實驗，第一次的創業無疾而終。儘管如此，海德卻不放棄。第二次，他回歸自己最關注的農業與環境議題，在屏東的偏遠部落萌發了一個嶄新的商業模式。

海德認為，如果能提高偏遠部落文化與農業資源的易達性，就能幫助部落發展。因此他向部落居民提案，想為部落設計一個深度旅遊的行程，讓觀光客可以深入部落瞭解原住民文化、體驗當地農業特色，希望在文化與農業上取得雙贏。

他把中、英、日文網站架好，開始跟海外的機構進行合作洽談的同時，卻因為長期在部落的志工的抵制，而讓大四的張海德再度創業失敗。當時的志工們相信，這個構想會把部落過度商業化，破壞了部落的主體性。

當大環境對你不友善的時候

兩次創業的失敗，讓海德開始思考台灣對於年輕人新創的土壤是否不夠滋潤。在幾次的社會觀察下，發現當今台灣大環境也對年輕人不友善，企業主嫌年輕人不夠努力，卻沒能給台灣青年一個好的發展空間，因而萌生離開台灣的念頭。這個念頭我相信也是許多台灣年輕人出走的理由。

「台灣企業基本上只會叫年輕人忍耐，要你十年磨一劍，但過了十年，要是沒磨成，你人生怎麼辦？這反而是代表台商不願意給年輕人機會，連基本的薪資福利都不能給到位，卻把這樣的不公平情況，當成一個給年輕人磨練的『機會』。但如果一個年輕人連生活都過不好，有可能為企業衝鋒陷陣去打拼嗎？」張海德這樣告訴我。

看清現實的海德，大學期間就開始積極準備自己，除了努力加強英語能力外，同時也開始自學日語，並達到能跟日本人在日常與商務正常溝通的程度。畢業後，由於患有妥瑞氏症，海德得以免役，直接踏入職場。他選擇買一張單程機票，帶著九萬日圓搭上飛機前往日本，跟著日本應屆畢業生一起參加企業說明會。這點我就非常佩服，同年紀的我就完全不敢這樣。

「一般台灣人會在日本就職，大都是原本就在日本留學，或者是一些日商來台灣開海外招募會，像我這樣一張機票就過去的，真的很少。」他這樣跟我說。

求職過程中，他甚至有在歌舞伎町遭到黑道搶劫的經歷。「那時候就有一個操著外國口音的人，跑來纏著我搭話，說要跟我借錢，當我想拿點錢打發他走時，他卻搶走我的錢包，拔腿就跑，最後損失三萬日圓，也就是當時預算的三分之一。」在以好治安聞名的日本遇到搶劫，也讓這場海外求職行多了難以忘懷的插曲。

就像個日本應屆生一樣，海德到處參加企業說明會、面試等就職活動，讓許多日本主管對這個沒有到海外留學卻隻身前往日本發展的台灣青年留下深刻印象。最後，張海德也獲得數個日本的工作機會。

然而，這些機會主要都是電子製造業，沒有成功找到農業環境相關工作。海德於是繼續思考：這些千辛萬苦得到的機會，到底是不是自己要的。

當時有位前輩主動詢問張海德，有沒有興趣到一家位於西非迦納的年輕台灣貿易公司工作。海德知道這家公司也涉足農產相關領域，於是放棄了日本的機會，來到了數千公里外人生地不熟的非洲。

台灣菁英在非洲

這讓我很好奇，非洲這麼遙遠的地方，會不會適應不良。海德神色自然地告訴我，其實只要不預設立場，只要事先做好功課，就不會因為期待而受到傷害，所以沒有特別不適應的問題。

在這家台資企業中，仍是職場新鮮人的海德要管理許多當地員工，這讓他成長快速。工作的同時，他也積極地參與當地的外國人社群，認識了來自歐美、日韓、中東乃至印度的各國工作者。

就這樣，他遇見了中國知名海外手機品牌「傳音」的主管，幾次接觸後，對方十分賞識張海德，邀請他加入傳音底下的手機品牌 itel。而張海德答應邀請的主因，便是想透過國際企業的歷練，在內部實現對企業社會責任的理想，也讓未來農業的志業能更順利的推動。

年紀輕輕就成為手機品牌銷售主管的海德，開始了他嶄新的冒險，首要任務就是與代理商、經銷商打好關係，並且為客戶服務，量身訂做行銷方案，幫助產品在通路獲得消費者的青睞。如今在迦納，甚至全非洲，itel 已經是傳音體系出貨量第一的手機品牌。

平時除了工作外，海德也積極經營自己的生活。他說：「工作以外的生活才是決定外派能不能撐下去的重要因素，我會建議大家一定要結交當地朋友，不要只混在華人圈，融入當地才能讓身心真正適應當地。」

下班以後，海德仍繼續閱讀各領域的書籍，同時也開始學習法語。假日時則與來自各國的友人，一起從事休閒運動或者開派對。透過這些朋友，讓他對世界有了更深入的瞭解。

「其實迦納就像一個聯合國，有『非洲門戶』之稱，各國在這裡都有積極的佈局。從德國到法國，從公部門到私部門，從大公司到個體戶，你能遇到形形色色的人，學到很多東西，但重點是，要願意走出去。」開放的心態，甚至讓他在迦納與當地日本大使館的員工成為網球夥伴。

迦納是一個人口兩千三百萬的西非經濟強國，有豐富的自然資源，至今仍是黃金主要出口國，而該國主要外匯來源還包括可可、木材、電力、鑽石、礬土和錳。近十年來，更發現輕質油田。但當地卻有六成的人是農民，這讓張海德印象十分深刻。

海德告訴我迦納是個非常極端的國家，路人可能看到華人就痛罵，種族歧視毫無掩飾。許多計程車看到白或黃皮膚就覺得是有錢客人，因此會直接長按喇叭，希望客人前往搭乘。但許多受過教育的迦納人，其實對外國人十分友好，除此之外迦納還有發達的休閒娛樂與多采多姿的夜生活。

而一開始最讓海德難以適應的文化差異，就是時間的觀念和他不一樣：「迦納人真的沒有時間觀念，他可以遲到幾個小時，也毫不在意，甚至延宕個幾周，或直接放你鴿子，我來這只有遇過一次對方準時。」瞭解文化差異，就是海外職涯中最重要的第一堂課。

重要的建議

過了幾年，海德又被日本的公司挖腳，前往日本擔任負責企業社會責任的主管，他的故事將繼續寫下去。

海德的經歷跟見識都很難得，我也向他詢問了，如果要給其他年輕朋友建議，他會給什麼，他認為，**首先必須要學好語言**。許多有意願前往海外的青年，儘管一身本領，卻在第一關語言上讓自己設下障礙，導致事倍功半，最後讓自己發展的可能性縮小。張海德建議基本的英語能力一定要有，至少達到商務溝通等級，才有外派資格，也建議在大學時期培養第二外語。

其二，做好行前功課。雖然海德自己以一張單程機票就前往日本求職，但這背後其實有充足的準備。他在大學時就已經大量接觸日本的文化和企業，且努力自修日文。在前往日本前，更事先查好日本就職活動的流程，並熟悉企業的應聘模式。只有做好準備，才能抓準機會。

其三，對工作內容必須有興趣。對於接下來要走的路，如果本身沒有一些興趣，一定不會做得有效率，每天的壓力也就會特別大，久了便容易迷失方向。因此工作內容一定要是自己有興趣的志業，而不是只著眼於高薪。

最後，跨文化適應能力——這是海德認為比專業能力更重要的素質。他在迦納看到許多缺乏休閒娛樂，外派日常只有工作、沒有生活的華人幹部，最後竟然有人因為龐大的壓力與孤寂感而自殺。

因此，徹底明白自己的文化定位、不預設立場去看派駐國、用心瞭解在地文化並真正融入當地、用高EQ處理文化衝突，是他認為走向海外最核心的關鍵。

我想，今日走向海外已經成為許多台灣年輕人思考的人生課題。然而，如何讓跨出台灣成為自己的人生選項，需要經過長時間的累積與準備。高中就確立志向，在大學積極培養專業能力來裝備自己的海德，就是這個世代「大膽走出去」的年輕人絕佳寫照。

20

曾經絕望跳樓自殺的他，最後發現詛咒其實都是包裝過的祝福

我大學很喜歡到處參加活動，認識各路好漢。其中有一個人的故事影響我很深，讓我日後面對挫折也常常換個新角度看。他是我大學認識的好朋友曾柏穎。

柏穎其實是個紅人，他上過很多節目跟訪問，甚至日本NHK也曾特地專程來台採訪他的故事。跟我同年的他為什麼可以紅到國外去呢？因為他的生命歷程是那樣的特別。

首先我來跟大家描述一個場景：在一輛從左營北上的高鐵列車上，車廂後靠窗的座位，一個年輕男孩突然臉部扭曲，發出奇怪的聲響，好像在模仿動物，又好似

傳統民俗認為的「中邪」症狀。

附近一個乘客看到，當著這男孩的面大喊：「哇，嗑藥嗑成這樣也敢來坐車，要不要叫警察抓他啊？」

男孩想要壓抑症狀，卻因為壓力導致緊張，讓情況更嚴重。整個車廂的乘客都轉頭看向這男孩，眾人好像怕自己遇到恐怖份子一樣，人人上緊發條、神經緊繃。

這時，男孩身邊的一位女乘客，平時剛好在醫院工作。她輕輕拍男孩肩膀，溫柔地說：「弟弟不要怕，我在醫院工作，我知道你的症狀是妥瑞氏症，我知道你不是故意的，不要在意這些人。」

提到妥瑞氏症這幾個字時，這名醫務人員提高的音量，讓全車人都聽見。接著，乘客才把目光焦點移開。

這個真實的故事，就發生在柏穎的身上。從小到大，他經歷過無數次誤解導致的言語甚至肢體霸凌，也曾因此在中學時跳樓輕生。幸運獲救重生後，開始反思生命的意義，並把這個曾經認為是詛咒的妥瑞印記化為祝福，開始幫助更多人認識它。

現在他在喬治華盛頓大學攻讀公共衛生碩士，目標是未來成為一位相關領域的專業學者，透過教育幫助更多這樣的孩子。而他的故事或許能讓我們看見生命不同的面貌。

生命的意義是什麼

十歲以前的柏穎，是個活潑好動的普通男孩，但突然有天，開始不自覺的一直眨眼睛，媽媽帶著他去看眼科，醫生卻診斷不出病症。接著，症狀進一步擴大，變成會不由自主的擺動身體，又這樣去了骨科，卻還是診斷不出異常。

最後，因為出現不斷清喉嚨的奇怪情況，前往耳鼻喉科，由有經驗的醫師診斷出妥瑞氏症。從此，柏穎的生活有了一百八十度的轉變。

妥瑞症是一種精神內科疾病，包含了聲音型和運動型抽動綜合症，會不受自主控制地發出清喉嚨的聲音或聳肩、搖頭晃腦等，嚴重患者甚至會有穢語症，或合併強迫症發生。妥瑞症患者不是故意做出這些行為，而是腦內化學物質失調導致。

根據美國疾病管制與預防中心二〇〇七年的統計報告，全球每一千個六到十七歲的未成年人中，就會有一到三十個妥瑞症患者（統計的誤差可能因研究方法不同而致）。輕微的患者常常做清喉嚨或者吸鼻涕的動作，看似與常人無異。嚴重者，可能就像柏穎一樣，容易引起旁人的關注，甚至遭到霸凌。

青春期妥瑞症發作後，柏穎開始接受藥物治療，卻因為症狀以及藥物的嗜睡副作用，導致學業成績下滑，更進一步遭同學霸凌。那時，他的同學會故意踢他的桌腳，甚至把整個桌子踢翻，讓柏穎跌到受傷流血。

老師也不瞭解妥瑞症，反而覺得是他調皮愛搗蛋胡鬧。有一次，老師除了要柏穎對全班同學說十次：「我錯了！對不起每一位同學，希望同學能給我改過自新的機會，」還附贈鞭打雙手手心三十下，然後更要他伏地挺身預備姿勢撐在地上。

這樣來自老師跟同學雙重霸凌的壓力，瀕臨崩潰的柏穎終於再也無法忍受。十四歲那年他從學校四樓教室一躍而下，想結束這場不公平人生的悲劇；然而，老天卻彷彿在這時伸出了手，讓他剛好落在一輛車的天窗上，雙腳卡住，因此保住生命。

「或許上帝覺得我還有任務，從四樓墜落，我竟然只受到輕傷。爸媽在病房外流下的眼淚，也讓我開始重新審視『生命的意義』。最後我休養了一年，過程中不斷思考我的人生，也重新振作重拾書本考高中。」

柏穎知道，許多的「歧視」都是源於「無知」，如果大眾能更加認識這樣的特殊疾病，就能用正常的眼光包容跟接納。

「海倫凱勒說過：『生命，只有在對別人產生正面影響時，才能彰顯其價值！』」柏穎這樣說道：「我期待透過我的努力，能給更多患者帶來勇氣，也讓大眾能瞭解這樣的疾病。」

最生動的教材

因此柏穎開始四處演講，讓自己的生命歷程成為活生生的教材，讓更多人可以瞭解並關心妥瑞症這樣的疾病。他成為各機關校生命教育、校園霸凌、特教專題的講師，也盡自己所能投身社會，服務社會。

二〇一五年，因為這些的經歷，讓曾柏穎獲馬英九總統頒發「總統教育獎」。

但他的腳步沒有因此停歇。這之後，他甚至遠赴馬來西亞等海外地區，分享他的生命故事，讓更多學子學會接納與包容他者。

二〇一六年他出版《我生氣，但是更爭氣》一書，分享了自己的生命歷程，訴說自己因症狀帶來的許多磨鍊與祝福，以及面臨這些挑戰跟苦難，如何不畏風雨，勇往直前。他的故事，激勵了許多同樣因為各種特殊症狀而身陷痛苦的年輕人們。

同年，柏穎更受到國際演講協會（Toastmasters International）邀請，前往哈佛大學分享自身故事。這趟美國行讓柏穎有了更大的夢想，他夢想有天進入哈佛大學攻讀博士，成為一名公衛學者與教授，如同電影《叫我第一名》一樣，透過學術跟教育的力量，影響跟幫助更多人。

為了完成海外求學的夢，過去幾年，柏穎每天讀五到七個小時的書，甚至不辭辛勞，每周坐高鐵來回台北補習。而皇天也不負苦心人，在這樣堅忍的毅力與努力交織的血淚下，他成功錄取英國倫敦大學學院以及美國喬治華盛頓大學的公衛研究所。柏穎喜歡美國自由開放的風氣，最後選擇了全美公衛排名前八的喬治華盛頓大學米爾肯公衛學院（Milken Institute School of Public Health）。

然而，上帝似乎特別「厚愛」柏穎，兩年前爸爸因為肺腺癌過世，家中頓失經濟支柱，讓這個留學夢一度遭受到現實的無情打擊。家中許多親友都不支持柏穎繼續攻讀公衛碩士，認為要推廣人們對妥瑞症的認識，繼續在台灣就讀研究所也能辦到。

不過一心想要走向世界，成為更有能力跟影響力的柏穎，仍堅持自己夢想的道路，一度差點鬧出家庭革命。最後，媽媽看到柏穎堅持不懈追逐夢想，軟下心轉而支持他。只不過，家中確實難以負擔留美的龐大學費。

柏穎仍不放棄夢想，樂觀面對各種挑戰，他利用出書的版稅、四處演講擔任講師存下的錢，以及上群眾募資平台尋求支持，仍然奮力一搏，努力靠自己的力量，向他那成為哈佛教授、繼續影響世界的夢前進。最後，在網路募資平台上，他成功募集到了留學所需的兩百萬費用（我贊助了五萬），邁向自己的夢想。

包裝過的祝福

問起柏穎，如今回首，怎樣看待妥瑞症。他告訴我：「我曾經覺得這是一個不公平的詛咒，很埋怨為什麼是發生在我身上？為什麼是我要面對這樣殘酷的世界？甚至因此想結束自己生命。但經歷生死交關後，一路的成長讓我有了新的想法。」

「我現在覺得這不是個詛咒，而是祝福，妥瑞症雖然讓我經歷磨難，但它本來就是我生命的一部份，它也成就了我今天的人生。你想想，一個妥瑞人來研究妥瑞症，這不是很棒、很驚人的一件事情嗎？我想冥冥中或許都有安排。」

「我認為，我們是誰，從來不是外界定義或怎樣看待你，而是自己能在世界上創造出怎樣的價值。因此接納真實的自己是很重要的，如果自己都不接受自己，為什麼要世界認同你呢？」

經歷過這些人生各種際遇後，柏穎已經學會用新的眼光看世界。他說，人生就像一場棋局，我們要學會用「全局觀」，不要讓情緒因為困難糾結在那個當下，而要適時讓自己跳出，重新綜觀自己的人生是不是走在正確的道路上。從更高的格局看，那當下的困難跟挑戰都，只是很小的崁。

或許，每個人生來都背負著屬於自己人生的難題，它可能以各種形式出現，不管是健康、感情，還是經濟，但這些難題都是讓我們找出屬於自己人生答案的墊腳石，而非絆腳石。柏穎的故事實實在在地告訴我們，只要接受自己的起點，立下自己的終點目標，並且勇往直前，在這漂泊的人生中，你就能是自己命運的主人。

21

「超冷門科系」畢業，卻會說五種語言，26歲的她是日本IT新創總監

我在海外當背包客的時候，最喜歡亂搭訕人。有一年的春節，我自己訂了一張機票跑去東京走走看看。我ＩＴＩ的學弟、在日本工作的小耿看到我臉書發照片竟然在東京，就立刻找我聚聚。

我們一起吃了飯，就去他住的Share House客廳坐坐。聊得正起勁時，一個女孩從房間走出來拿牛奶喝。我們點點頭示意打招呼後，她自顧自的在廚房洗杯子。這時候愛搭訕人的我就冒出了熱情似火的好榜樣，開始亂問問題瞎聊騷擾人家。就這

樣，我認識了這位奇女子曾曼嘉。

從興趣到專業

曼嘉，一個小我兩歲的女生，當時獨自在日本工作、生活。令人意外的是當時她工作的地方是位於銀座高級商辦區、擁有各國員工的ＩＴ新創公司。作為網站總監，她總是需要協調團隊，並跟進客戶量身訂做的專案進度。這麼優秀的女孩，做這樣高端大氣上檔次的工作，可能是什麼資工系還是企管之類熱門科畢業的吧！我當時這樣想。

等我們聊到背景時，我嚇壞了。她大學讀的是跟工作風馬牛不相及的森林系。能在日本新創公司上班，走出完全不同於大學科系的人生職涯，是機緣，也是長久以來的準備。

曼嘉因為從小喜愛大自然，對於動物、生態等十分有興趣，因而在大學選擇了森林系就讀。然而在學習的過程中，發現自己並不想繼續在學術上深入鑽研，因此將學習重心逐漸擺放到拓展更多的可能性上。

她加入了熱舞社，在社團中，她從沒跳過舞的初學者，到用短短兩年時間，成為社團的編舞者。努力練習的過程中，讓她學習到了許多辦活動以及與人交往的技巧，認識了許多校內外的好友，也成為她學生時代美好的記憶。

此外，對語言很有興趣的曼嘉，也開始嘗試學習各種語言。透過學校的教學資源，她學習了日語、韓語、法語、俄語以及義大利語等多種語言。其中三種都透過考試，取得了檢定證明。原本只是因為興趣而學習的各種語言，後來卻成為她在職場上的一大優勢。

「我會學語言就是個興趣，像學韓語是因為喜歡韓星，學法語是因為曾經選修哲學系的課，對法國的政治哲學開始有興趣，進而開始學習。我覺得學習每一種語言，都像打開一扇窗，讓你能瞭解那個國家跟民族怎樣看世界跟想事情。」談到學習多元語言的契機，曼嘉這樣告訴我。

熱愛學習的曼嘉，雖然讀的是冷門的森林系，但是她沒有因此被侷限住。大學期間修習了各種有興趣的課程，也輔修了哲學系。讓她用了五年的時間才畢業。原本畢業只需要一百二十八個學分，但是她卻因著興趣，修了雙倍的兩百五十六個學分。選修過各種文史、經濟相關課程的曼嘉，也累積相當程度的學識。

「我大學時也沒有特別想說未來要做什麼，家裡也很放任，就多方嘗試各種東西。當時對人生有許多哲學思考，所以選了哲學系的課，最後修到變輔系，更常常在周末下午跟朋友在咖啡廳談論著許多社會與政治問題。」

語言能力的訓練

大學開始學習日文，曾曼嘉用兩年的時間參加學校日文課加上自修，考過日檢N1，更在暑假期間前往日本鹿兒島打工換宿，在牧場中照顧牛、羊等動物。這段旅程讓她對日本留下很深刻的印象，也萌發出未來工作想要踏出台灣，前進日本的想法。想想我大學雖然也很喜歡日本，也有學日文，結果因為活動太多最後常常翹課，沒有修到最後，真可惜。

曼嘉畢業後選擇先進入留學顧問公司工作，擔任留學諮詢顧問，一方面為前往日本做好事前準備，另一方面也先在台灣賺些打底資金。之後，她啟程前往日本名校早稻田大學的留學生別科留學，精進自己的日語口語溝通能力，也為在日本求職鋪路。

「我去早稻田不是修習學位，主要是為了求職。相比一般的語言學校，早稻田的留學生別科費用高了兩倍；然而，早稻田擁有的求職資源很豐富，短期留學也讓我能事先知道日本的職場情況，做好準備。」

很順利的，曼嘉在日本不到半年就順利找到工作。她在求職季中，曾經面試過二十到三十家日本企業。最後透過日本求職網站 Wantedly 找到目前的工作。

對於在日本求職，她有滿滿的心得：「其實外國人在日本求職，會兩種語言是基本，三種以上才有優勢，因為這裡的外國菁英非常多，你甚至可以遇到許多中文流利的白人，所以語言能力是很基本的。另外一種，是自身有很強的技術或專業，舉例而言，像 IT 相關的產業公司，就可以完全不會日文，以能力取勝。」

曼嘉跟我說，如果想要在日本長期發展，盡量還是不要選擇從基本的端盤子或者摺棉被等服務業入手。試著進入有發展前景的公司，習得一技之長。如果是應屆畢業生或工作經驗兩年內的新鮮人，不用擔心科系不符，可以更勇敢地投遞履歷。

「像我自己雖然森林系出身，卻在IT新創公司，這是因為日商招募社會新鮮人的主要標準，不在科系，而是看性格與態度。即便你是念文組，都有機會當工程師。日本重視新人培育，內容做得很紮實，可以讓你像一張白紙一樣，進公司再學習，很適合想要轉換跑道的年輕人。」

日本職場台灣新人

雖然順利的進入日本新創公司，但是曼嘉的挑戰才剛開始。即便早在大學就有N1的日語水準，也曾在日本打工換宿與留學，到了正式職場，完全不同的用語讓她在初期大喊吃不消。

「我去了以後才發現，原來我根本不懂日文。一開始在公司，別人講的話我幾乎都聽不懂，甚至被同事質疑N1的檢定資格是假的，讓我十分受挫。我只好每天回家看日本電視，在路上聽日語廣播，趕緊把自己的聽力補起來。」

語言只是第一個挑戰，雖然台灣在亞洲國家中算是受日本影響最深刻的，但是巨大的文化差異也造成在職場上的不適應。曼嘉提到：「日本是非常集體主義的國家，相比之下台灣很自由。比如連中午吃飯，自己一個人去吃都會被當成沒朋友的怪胎，他們非常重視人與人之間的關係與群體和諧。」

這過程起初讓獨立自主的曼嘉很難理解，比如說日本公司聚餐，都會要求女同事在餐桌上服務，做些分菜、倒茶等等的工作，男同事則是一動也不動等著被服務。在辦公室甚至常常有男性同仁對女性做出對台灣人來說已經是性騷擾的舉動，日本人卻不以為意。這種男尊女卑的文化至今仍深深烙印在日本人的行為中。

然而，在這個職員組成多元的國際化公司，她也發現，其實不必要特別想「努力成為日本人」，而是要保有自己作為台灣人的身分，保有「一個日本社會外來者」的主體性，反而才能讓自己過得更自在、也更被理解。因為自己想成為日本人，反而會被日本人以日本規矩強加於身上；反之，若仍保有外國人的身分意識，便較能被接受。

我問起東京的生活，曼嘉跟我分享了在許多媒體評論中已經被談到爛的「在日本旅遊跟工作的巨大差別」。高壓的日本，「職場霸凌」已經是司空見慣，在注重長幼尊卑的日本社會，對「先輩」可以說完全不能忤逆。就算是資深同事做錯事情，身為後進者的自己也要一肩扛下，被迫低頭「謝罪」，日常對「後輩」的言語羞辱更不在話下，許多人都因為這種文化而感到憂鬱。

有時，曼嘉也會想起南方的家鄉——台灣，因此在夜深人靜時留下了思念的眼淚。但是東京的高國際化程度，能跟來自世界各國的菁英一起共事，同時換個角度來看，龐大的壓力也成為自己快速成長的推力。再加上能得到的舞台與機會，讓曼嘉願意努力熬過種種不適，堅持留下，並相信自己的付出都能得到回報。

未來，曼嘉希望有機會能在日本創業，寫下更多精彩的故事。同時，她也建議有心想前往海外發展的台灣青年朋友，一定要趁學生時期多方的涉獵。打好語言的基本功，並認知到海外工作不只有光鮮亮麗的一面，更有「辛酸肚內吞」的孤寂時刻。也因此，事前務必做好充足準備，不斷累積自己的實力，用能力證明自己。

「想到海外工作的話，其實現在進入日本，是非常好的時機。日本因為少子化，十分需要勞動力，企業對聘用外國人呈現越來越開放的勢態。我也相信未來會有更多來自世界各國的青年想到日本發展，這個國際化的舞台，我想是很有機會的。」曼嘉這樣總結。後來，曼嘉跳槽到了日本谷歌，人生又更進了一步。

從曼嘉的故事，我們可以瞭解到，人生的際遇其實有著無限的可能，而最後會走向哪個方向，端看自己的心態與選擇。所以，趁現在勇敢描繪屬於你的未來，並且全力奔向它吧。或許，你將發現，你擁有比自己意識到更多的可能性。

附錄

寫給大學生心法秘笈

22

你的價值不只28K！大學生應該做的7件事

「低薪」這個話題，作為台灣經濟關鍵字已經快十年了。每年各大媒體一定會推出相關的專題：「青貧族」、「窮忙族」、「厭世代」、「世代差距」……諸如此類的月經文不斷的重新排列組合再推出洗腦，好像身為台灣人，畢業就注定拿二萬多元。悲觀主義瀰漫全台，難道年輕人就只能接受這個事實嗎？

別忘了！就算全台大學生的平均起薪只有28K，並不代表你就理所當然是領那個28K的人。想想我們在高中指考的時候，單科全國均標可能是六十分，但是還是有很多「怪物」（天才）考到九十分甚至滿分。同樣的，台灣職場給新鮮人40K，甚至更高的職缺，還是存在的，而且並沒有想像中少。

你的國家慘，不代表你也要認命的跟著衰，反而要用自己雙手開創出不一樣的路。

想成為領跑分子，除了富爸爸可能有用之外，如何利用大學四年才是關鍵。台灣的教育體制下，許多學生在被錄取的那個瞬間就鬆懈了，但想在畢業時薪水遠遠超越「平均」，那就要在四年中，付出與同儕截然不同的努力，累積自己未來談判薪資的籌碼，讓自己能大聲說出「我就是值這個價錢」。

在大學四年，你可以用下面七個秘訣增進自己的價值：

1.描繪屬於你的人生路線圖，尋找自己未來的「終點」

有句很老套的話說：「人生就像場馬拉松」，但馬拉松有明確的路線，標誌起點與終點，而人生這條路卻沒有人告訴你該往何處去。所以大一、大二的時候，就要思考自己的終點在哪，也就是想在畢業時投入怎樣的產業跟工作，這樣才能畫好路線圖。

若不知道自己想要什麼怎麼辦？去書店走一趟，待一整天，閱讀各類的書籍，掃過去看看哪一區你待得最久、最有興趣，至少是你有興趣看一整天不會累的，或許就會是你的方向。

此時，你可能會驚覺：文組的你，竟然最愛園藝；理工的你，反而喜歡心理學，就算發現上了「賊船」，也可以趕快規畫跳船計畫。確認好未來的目標，才能用大學四年描繪好藍圖，畢業就成為準備好的尖兵。

比如你想當個媒體編輯，知道這個方向以後，就要開始畫路線圖。首先要思考，這項工作的必備條件是什麼。當好一個小編需要怎樣的特質？有社群經驗？網路成癮？那就從這些作為依據，開始寫出四年待辦事項，比如搞個社團粉絲頁成為同類型粉絲頁的第一把交椅，或者開始在網路投稿評論時事。

如此一來，四年後，完成這些路線的你，已經是雇主心中「裝備好的人選」。

2.累積「作品」，突顯個人獨特性

千萬不要讓畢業的時候，只有畢業證書這一張「紙」跟著你離開。因為跟你拿同樣文憑的人，光是自己系上可能就有百人。如何凸顯差異、創造優勢，是重要的關鍵。而累積作品，是證明自己價值的不二法門。

這個作品不一定是傳統概念中那種美術作品集、期刊論文的實體成果，而是對企業來說有價值的「生涯紀錄」。比如辦好一個活動、曾經參與某項大事，就是一個「作品」。假設企業今天需要一個有業務能力的人，而你在大學期間就辦過跨校大型活動、跟政府或企業談過合作，這就是一個非常好的「作品」。

但這個作品的累積不是一蹴可幾的。例如，如果你想辦一個攝影展覽，不是拍完照就可以開展。所以要把自己當成一個企業開始經營，列出專案規畫，一步一步到位。

再舉個例子，想要在大四的時候去頂尖科技業實習，這時候不能大三才準備，而是在一、二年級就上網蒐集資料，先知道這個機會的標準是什麼，再用幾年的時間準備讓自己符合條件，才能得到在頂尖企業實習的這個「作品」。

3.廣結善緣，經營個人品牌

經營個人品牌，是大學最重要的一堂課。因為大學是少數人生階段中，與同儕少有直接利害關係的時期，還可以廣泛的接觸到各個階層、各種科系的人。累積人脈對未來絕對有幫助，但是不能只是很市儈的想要有「更多人脈」而已，同時也要開始建立個人品牌，用良善的行為建立好的名聲。

個人品牌就是：當人家提起你這個人時，會有怎樣的想法跟印象浮現。假設有個人叫王大明，人家的印象就是「一個可靠的暖男，有什麼事情都可以找他幫忙。」這樣的正面個人品牌印象，對人生有直接的幫助，讓自己增加更多的機會。

許多職缺其實不會直接刊登在人力銀行，而會先找人推薦，這時候如果你成為大家心中浮現的人選，那可樂著呢。

另外，許多高端人才早在大學時，就受到學校老師推薦，而被知名企業「預定」

了。因此，這個廣結善緣的對象不只是同學，還包括學校老師甚至演講的講師。就算只是通識營養學分課，多問問題、提出看法跟老師交流、用心做好每一份報告，讓老師對你留下印象，知道你是個人才，或許下次企業跟老師詢問時，你就是被推薦的那個。

跟同儕間的關係，也盡量不要搞僵，因為你永遠不知道這個不起眼的邊緣臭宅，會不會有一天變成身價百億的CEO。在大學時樹立敵人是最不智的選擇，所有大學的人際困擾，在出社會以後看來，幾乎都是雞毛蒜皮的小事，但是少了一個朋友，就是關上一扇機會的門。

所以，大學時候多幫助同學，當個微笑暖男、樂觀少女，建立良好個人品牌形象，對人生絕對有幫助。

4. 衝破舒適圈，勇於挑戰自我

雖然很多人說台灣已經是個「鬼島」，但這鬼島畢竟也算滿發達、舒適的地方。

而「衝破舒適圈」也是創造個人價值的方法。試著去當個交換學生、去沒有台灣人去過的地方，或者給自己一個機會，休學一年到各國打工度假，展開壯遊。

這時候，有些朋友可能就說話了：這些是富二代才能做的，我家境貧困，去不了怎麼辦？其實小島之內，也可以衝破舒適圈，利用寒暑假去偏遠地區做志工，或者到農村體驗生活，做之前沒做過、不曾接觸過的領域，都是衝破舒適圈。

比如你原本是個肥宅，跑個八百公尺就氣喘如牛，但是勇敢衝撞自己極限，大學完成攀登玉山、單車環島、泳渡日月潭這幾個柯P說台灣青年必做之事，也是衝破舒適圈了。

簡單來說，這個衝破舒適圈，就是做一件你未來回首看，會覺得自己很厲害的事情。如此說來，沒有一個客觀的標準限制你一定要做什麼，因為每個人都不一樣。比如說：一個從小內向害羞的少年，從來不敢在公眾場合講話，最後勇敢戰勝恐懼，當上辯論社社長，在全校社團幹部培訓時講課，這也是衝破舒適圈。

基本概念就是：做之前沒做過的，並不斷與自己衝撞。

5.學好英語，也培養第二外語

台灣是個海島，與世界的連結尤其重要。雖然全世界都在學中文，但世界上使用中文的國家實在不多，因此學好外語，對台灣人來說至關重要。懂一種外語就是多一扇瞭解另一個文化的窗。英語自然不在話下，但不能只是為了過畢業門檻而學英文，英文不只是一個工具，更與你未來的薪水呈現正相關。

而有了英文這個國際職場必備的能力後，拓展其他語言更能創造你與其他人的差異性。一種語言要學好，至少要花費八百個小時。以大學四年來看，每年就要花兩百小時。假設每學年總共有四十週，其實每週只要花五小時就可以了，那也不過是修一堂三學分的第二外語，跟每週多複習二小時而已。

也就是說，從大一開始學第二外語，到了大四，你已經可以在工作上有基本的外語溝通能力，而這個小投資，很有可能讓你的薪水翻倍。

再來講一個具體的科學研究：學習外語可以使大腦在相關皮質區增長，增進腦功能，延緩與減少阿茲罕默症等相關失智疾病的機率。簡單來說，學外語就像給大腦重訓一樣，這個年輕的投資還能避免年老後的問題，何樂而不為？再說，等出社會才想學語言，可比大學時期難上加難，上了年紀加上高壓的加班地獄，讓人心有餘而力不足。

6.少打「最低薪資」的工，珍惜時間成本

打工對大學生而言，是效益滿低的一件事，我建議如果沒有到活不下去的地步，真的不要打工。因為打工能學習到的技能含金量很少，絕大部分就是勞力換取金錢，說實話賺的錢也不多，頂多一個月一兩萬，長遠來看反而失去很多。而打工這項經歷，在未來求職上的加分也不多，反而不如社團參與跟企業實習。

要賺錢，就要試著利用自己的專業技能，比如家教就是一個不錯的選擇，或者接些案子來做，在學校實驗室或行政單位都比較好。那些給你「最低基本薪資」的工作，對未來的履歷益處不大，排班時間又長，如果能善用這些寶貴的時間，反而能創造出更大的效益。

當然也有人因為學生時代的打工而有了特殊際遇，所以建議大學生看待打工，不要只著眼於「錢」，因為那在未來回頭看真的是小錢，而是要思考在這個職缺，能讓自己學習到事情，與對未來職涯的具體效益。

7. 榨乾大學資源，讓學費「值回票價」

學貸往往是社會新鮮人畢業後需要面對的壓力，每個月五千元的學貸還款，可能大大壓縮了薪水。讀大學其實不便宜，生活費加上學費，四年要一百萬以上，如果計入沒有工作的機會成本，那更是高達二百萬以上。

所以，怎麼能白白支出巨額的學費，卻只拿到一張文憑紙？一定要用力榨乾學校，讀出超過兩百萬的價值，這樣學貸繳得才不冤枉。但具體可以怎麼做呢？首先，點開學校網頁，每個處室的頁面都去按按看，看看有什麼活動可以參加，有什麼項目可以申請。

學校的健身房、游泳池有沒有去過？要知道就算在公營的運動中心，游一次泳可能就要一百五十元，而學校的設施幾乎都是免費的，一定要試試，去一次賺一次。

圖書館的期刊資源也要善用，一本財經雜誌可能就要二百元，出社會訂一年特惠也要個幾千塊，圖書館卻是有幾百種任你看免錢，沒事去去圖書館翻翻各類書報，參加各類講座，好好享受這樣的專屬權益。

學生，其實是最幸福的，不用面對現實生活殘酷的壓力，有著多采多姿、無限可能的際遇。善用這四年，積極的裝備自己，就能在畢業時，不是徬徨的走出校園，而是充滿了期待跟已經準備好的自己，走向燦爛前程。

23

5個關鍵決勝點，創造你被獵才的潛能

你參加過學校的社團博覽會嗎？大學四年，其實過得非常的快，一眨眼就會穿上學士服準備畢業了。你想要用什麼樣的身份走出校園呢？是還沒畢業就被企業「內定」，還是茫茫然不知所措？

我在這裡和你分享五個秘訣，讓你成為企業眼中「黃金新鮮人」。這些是我自己當學生時候的經驗，也是我在職場上經歷了這麼幾年的看見。只要完成以下成就，就能為職涯大加分。

1.尋找未來的職場夥伴：搞社團、玩活動

社團是大學生不可或缺的經歷，想想如果大一到大四，都只能和系上幾個好基友出來混，沒有認識更多樣貌的人，那真的太可惜了。

大學最棒的一點就是有來自五湖四海的各類英雄好漢，還有各種科系的同學，未來可能成為各行各業的專家。所以走出系上，去認識其他科系的同學吧！

社團是一個非常好的大平台，不管你喜歡什麼領域，都能找到相應的社團，讓你能與志同道合的小夥伴們一起打拼。就算學校剛好沒有，也可以由你來號召成立，成為創社元老。

名列美國《新聞周刊》評比之「世界上最受尊敬的前一百位日本人」的第七代火影漩渦鳴人曾經說過：「你不能選擇自己的出生背景，但是你可以選擇你的夥伴。」夥伴，將成為成就你未來人生的一大基石。

在學生時代，這個沒有真正利害衝突的環境，相較於人生其他階段，更能交到最知心的革命戰友。而社團中做的事情，更可以為你履歷增添精采的一頁，搞出一

個全國活動，或者前人從未企及的大事件，讓你學生時代就綻放光芒。

2.學好語言，打開一扇通往世界的窗

台灣位在太平洋樞紐，是一個關鍵島嶼，因此走向世界的海洋性格，深植在每個台灣人的基因中。而走向世界最重要的就是語言能力。英語是基本的，學英文不該只是為了過畢業英檢門檻，更是成為一個基本的溝通工具。

讓學習語言不再是書上的事情，走到戶外，認識幾個外國朋友，簡單的在路上抓幾個觀光客免費導覽介紹台灣，順便做國民外交；最愛的美劇看個兩次，第二次不看字幕——這些小舉動，透過長期的累積，都能讓英語力大幅增加。

你也可以給自己一個目標：透過這些學習，在檢定考試取得佳績，多益能九百分以上，畢業月薪更可能上看四萬。

除了英語以外，第二外語也是拓展自己未來可能性的絕佳利器。一個語言要學到具備基本的商務溝通能力，至少要個兩、三年，因此大一就要開始接觸。除了熱

門的日韓德法等語言外，更可以鎖定目前最夯的東南亞語，讓自己成為未來企業南向中不可或缺的珍貴人才。最重要的是，學完一定要考個檢定作為證明，免得口說無憑。

如果學校第二外語沒有開設自己喜歡的語言或屬於自己程度的班別，那就走出去，大學附近通常有許多外語補習班可以報名，救國團也有經濟實惠的各類語言課程。如果你想學東南亞相關的小語種，可以到政大公企中心、燦爛時光東南亞主題書店、one-forty、1095，文史工作室等東南亞相關組織。

3. 參加競賽，觀摩學習

當學生有個最大的好處，就是可以到處參加競賽。不管是校內、政府還是去企業舉辦的各種創業、行銷或其他專業競賽，幾乎都是學生獨享的。這些競賽許多就是企業為了提前挖掘人才而舉辦的。參加這些競賽，可以在過程中成長，取得獎項證明自己能力，即便落敗了，也能走出去看看頂尖人才怎麼搞的。

此類的比賽訊息都可以在學校的課外活動組網站找到。如果怕自己學校沒被通知到，甚至可以參考其他頂尖大學的課活組網站，幾個政府機關也可以關注，比如教育部高教司、青年署、經濟部等等。這些競賽有商業類型、公眾事務類型，甚至是教育文化類型，參加這些比賽能夠實際把所學應用上，找出屬於大學生的極限。

比賽成績可望成為未來的墊腳石，讓你在申請國外交換或企業實習的時候，相較競爭者有更多的優勢，或者直接在求職時替你加分。競賽的成果更可以收入到你的作品集，成為體現你能力的最佳佐證。

4. 走出台灣島，來去海外交換

仔細看許多台灣的人力銀行上，許多給應屆畢業生的職缺都會特別標註「有海外交換經驗者佳」：為什麼這麼多企業對海外交換生情有獨鍾呢？因為海外交換的經歷已經預先幫企業篩出兩種特質，一個是語言能力，第二個就是異文化適應力。

即使是泰國朱拉隆功大學也要看托福成績才能申請，除非去大陸交換，不然基本的語言能力對海外交換都是必須的。在未來職場上，需要與來自各國不同文化背景的人交際往來，有過海外生活經驗的人，在企業眼中是已經比他人有經驗，所以能較快速在跟外國同事或客戶的溝通上達到相同頻率。

但交換這件事情，不是今天看到簡章，明天寫寫申請表就能交出去的，必須要提早知道交換學生的作業時程，準備時間有時候會超過一年，原因往往是需要語言檢定，有時候考一次不過，得考第二次。甚至有些國家要求的是當地語言，如果非該科系可能就要從頭學起，所以，這是大一時就可以開始思考的。

其他要走的程序，比如教授推薦信，也不是今天跟教授要、明天就能拿到，必須教授本來就認識你，才比較好辦。所以在課堂上認真的投入經營，讓老師認識自己也是很重要的。

另外，還要注意是否會有學分問題，因此，如果大一、大二時就上學校的國際處網站瞭解，開始規畫每個階段，申請起來將會更加順利。

通常最好的交換時間是越高年級越好，屆時，系上必修已經不多，也算是準備充分的出去，會有更多不一樣的看法。

5.用企業實習突破你的科系侷限

除了剛剛提到的海外交換外，「有相關企業實習者佳」，也是在人力銀行上許多開給新鮮人職缺喜歡標註的短語。企業實習可以說是一個能扭轉自己科系侷限的大好機會。公司招募時，曾在知名企業實習過的學生，就像已經被認證過，相較於沒有相關經歷的學生更有優勢。

很多企業在招新鮮人，都會以科系當作篩選標準，直接找相應科系的學生。但如果我念的是動物科學，卻發現自己其實想走廣告行銷，這該怎麼辦？其實，靠著「企業實習經歷」就能成為「另一張畢業證書」，讓你有機會成為就讀科系之外另一個領域的搶手貨。

大部分知名公司都有開設相關的暑期或者課間實習，不過暑期實習還是相對較佳的，規畫暑期實習的企業通常會有完善的培訓規畫，也能認識到許多其他的年輕學生。這些訊息通常在下學期的初期，也就是二、三月份就會釋出，每個科系要求的實習備審資料都不一樣，這時候前面幾項社團、語言、競賽、競賽成績就都會成為評選項目。

實習項目比較少會限制科系，也就是說，就算你是電機系，也可以在媒體業實習；你是中文系，也有機會進入科技公司。實習也是企業提前找到優質人才的方式，許多人就這樣在實習期間得到工作offer，讓求職不再是畢業後的煩惱。

結語：用大學提前準備，培養自己「即戰力」

求職這件事情，不應該是畢業才開始。大學四年所經歷的一切，都可能成為你未來人生的助力。如何描繪自己燦爛的四年，是每一個新鮮人都應該思考的事情。投資自己，創造出超越他人的價值，就能讓「低薪」魔咒徹底遠離你的人生。

24
畢業了前進海外，你應該知道的「練功房」

我在越南的時候，認識了一位外派越南的台幹朋友。我曾問他：他外派越南的契機是什麼？他反覆提到「鞋技中心」、「紡織研究所培訓畢業」等關鍵字。

後來，有天和歷史系大學同班同學聯絡，聽他說他參加了「資策會的訓練」，現在是 App 工程師，月薪將近五萬。他歷史系的耶！我也聽過非財金科系的文組學生，參加培訓後得到摩根大通在香港的工作，而這裡的關鍵字則是「金融研訓院」。

而我自己，四年前從歷史系畢業，原本在政府機構當小公務員，後來進入外貿協會受訓兩年，增進了自己的外語跟經貿能力後，得到派駐海外的機會。

因此，我很想把以上這些人成功的經驗分享給大家，讓我們一起走上更佳的職場大道。這一陣子也陸續有很多熱情的網路讀者問我，「想搭上南向熱潮去東南亞發展，需要具備什麼樣的條件？」「目前二十幾歲，工作兩、三年想要轉換跑道，卻沒有其他產業的經驗，該如何是好？」「已經畢業，來不及了自我充實了，怎麼辦？」

其實這幾類問題，都可以透過一種方式解答：「職業培訓」。國內有許多政府支持設立的產業培訓中心，提供各種多樣化的課程，在業界具專業權威，經過培訓後，求職上通常能獲得相關產業的企業青睞。以下就是幾個主要的產業培訓中心，領域涵蓋了紡織、製鞋、國際行銷和資訊科技等。

外貿協會

財團法人中華民國對外貿易發展協會國際企業人才培訓中心（ITI）：外貿協會是台灣對外貿易發展的重要單位，在國家支持下設立，和經濟部國貿局關係密切，全球有上百個駐點，旨在推廣台灣的貿易。

受經濟部委託，貿協在三十年前開辦了經貿人才培訓班，也就是今天的經濟部國企班，培訓出數千位國內企業的高階主管與國外業務，其中包括華碩、仁寶、研華、鴻海、台積電等科技大廠。

此外，貿協亦開辦一年期與兩年期的專業語言和經貿培訓課程，特殊語言包括日、韓、德、法、西、葡、俄、越、印、泰等——具備上述語言技能，將更容易受到海內外企業的青睞。

外語課程由外籍老師全英語環境住校培訓，同時邀請國內產官學界的講師傳授經貿課程，讓你在國內就能享有國外MBA的待遇。在國家支持下，兩年期的學員將被派遣到世界各國實習，結業後，大多受聘於國內大企業派駐海外，或者在國內擔任國際業務。

根據貿協資訊，企業針對結業學員，多以碩士級別敘薪，平均每個結業生有十個以上的工作機會，在國內工作的平均薪資達42K。如果想要到海外闖一闖，或成為一個國際業務人才，貿協絕對值得你認識。

文組也能成為工程師

財團法人資訊工業策進會（III），簡稱「資策會」，同樣是在國家政策支持下設立的官方財團法人，除了推動台灣數位產業的發展外，培訓專業人才也是它的業務內容之一。

它開設的課程，許多都有政府補助，據統計，超過七成的學員尚未結業即獲得企業內定資格，擔任程式設計相關職位。

它有許多四到六個月密集的全日制培訓課程，短短半年，就可以讓你從一個完全不懂電腦的文組生，蛻變成為具有App或雲端相關知識的工程師，薪水增加可達兩倍以上。根據資策會網站，結訓學員月薪最高可達六萬台幣，而課程的費用約為十到十五萬不等。

許多資策會結訓學員，從完全沒有理工背景，到結訓前順利獲得企業賞識，進入微軟、IBM、廣達、緯創資通、玉山銀行等知名企業，擔任工程師，可以說是翻轉人生的絕佳舞台。

外派東協之路，在紡織業

不說大家可能不知道，雖然紡織產業生產大多外移到東南亞，但是台灣的紡織技術跟企業在國際上仍舉足輕重，國際知名服飾品牌，如 Uniqlo、Zalo、H&M 及 GAP 等，大多是台灣紡織代工企業的客戶。

你身上的衣服，即便不是台灣生產，也八成是台灣企業代工的。許多年前，財團法人紡織產業綜合研究所（TTRI）就是在這樣的環境下，獲得國家支持設立的產業研究中心。

該中心除了研究紡織產業的高端技術外，有一個很重要的業務，是培訓紡織業的人才。一般紡織產業，通常喜歡使用服裝設計相關科系的學生，非本科學生若投入該產業，大多傾向業務或者廠務管理工作，如果剛好你對紡織服裝相關產業有興趣，卻沒有相關背景，來 TTRI 的紡織學院受訓是很好的選擇。

紡織學院有專門針對「紡織產業新進人員」的培訓班，利用周六上課，總共有六十九個小時，為學員介紹、剖析紡織產業的上中下游。目前，許多台灣紡織工廠設立於東南亞，如果對紡織有興趣，也想外派東協的朋友，非常適合這樣的課程。

製鞋健將飛奔國際

台灣的製鞋產業在世界經貿舞台也有非同小可的地位，全世界有將近六成的鞋子是由台灣企業代工。在越南、柬埔寨、印尼等地都有大量的台商投資鞋廠，許多廠區員工人數達數萬人，如同小型的獨立王國；此外，製鞋業也是台灣在東南亞相當重要的投資。

位於中台灣的財團法人鞋類暨運動休閒科技研發中心（FRT）是台灣製鞋人才培訓的重鎮，成立至今三十餘年，開辦各類鞋業高端管理人才的培訓班，每期時數約三百四十到四百小時，全職培訓二到三個月，特定條件下學費全免。結業後的學員，通常都能找到很棒的海外鞋業相關工作，月薪是留在台灣的二到三倍以上。

一般經過 FRT 培訓的學員，都能順利進入寶成、鈺齊、豐泰等國際製鞋大廠，相較於未經訓練就直接進入製鞋產業的外派員，經過 FRT 培訓的學員有在培訓班奠定的人脈優勢，起薪也比未受過專業訓練的「素人」高。如果對製鞋產業有興趣，很值得花幾個月時間投資、培訓自己。

想進金融圈看這裡

財團法人台灣金融研訓院（TABF）是國內金融人員研訓的重要基地，除了開辦許多課程，也負責相關證照的考試測驗，在金融研訓院學習後，對自己考取金融相關證照有直接的幫助。

相較於其他產業培訓中心大多要全職培訓，比較適合畢業後或者想轉職的朋友，TABF 的課程多是單場開辦，也提供週末場次，很適合在學學生增進自己金融相關的知能。即便不是財金相關背景，透過金融研訓院的課程，也能對自己畢業後進入該產業有所助益。

許多參訓的學員本身就是金融相關產業的從業人員。你若在那裡上課，課堂中能夠增加自己在該產業的人脈，加上許多講師是業界知名的權威人士，積極主動的表現，將有機會為自己取得意想不到的機遇。

改變人生，從勇敢投資自己開始

希望以上這些故事跟經歷，對考慮轉換人生跑道的你有幫助，如果你想從事的行業不在上述所列，試著上網查詢，相信一定能找到相關的培訓課程，為人生轉向。

25

文組能幹嘛？你其實無所不能

說實話，讀歷史、中文、哲學這些人文學科，未來能有什麼出路？我也不知道——不知道的原因，不是因為沒有選擇，而是因為有太多可以選擇了！讀文史本身代表的就是沒有職涯的限制，也難以預測未來發展。

我自己就讀文組的同學以及認識的學長姐、學弟妹，什麼人都有，有人輔系或雙主修其他商科，出來就做行銷、業務；沒雙主修的，有人在畫廊、公益基金會、新創教育體系，更有在學校、出版社任職的，甚至有跟朋友搞工作室，拍影片的。

你若問，有沒有真的失業餓死街邊的？我倒是從沒聽說過。

還有一些更跳Tone的，有跑去資策會進修App設計出來變工程師，有開飲料店創業當老闆的（聽說還買了房子），有去金融研訓院上課後來去銀行工作的，也有不少人成為記者從事文字工作，還有自己出來創辦NGO關注社會議題的。

我自己呢，則是在某科技廠派駐海外，當個小團隊領導，沒事上網寫寫文章嘴砲嘴砲，偶爾返台演講演講，或者沒事被網路上不認識的酸民們罵罵，過著平淡的生活。

有些領域的學生，例如法律、醫學，在你註冊的當天幾乎就能對未來有鮮明的想像。然而，如果是人文，情況就顛倒了，好像人文畢業只能當老師，也沒能學到什麼技能。其實反過來想，這代表讀人文的有無限可能，因為大家都不知道你能幹嘛。

人文學科的價值

但人文到底能幹嘛呢？這個議題其實蠻有意思的，最近在歐美就有好幾本暢銷書在談這個議題，創投家斯科特・哈特利（Scott Hartley）寫的《文青與理工宅：為什麼人文將統治未來的數位世界》（The Fuzzy and the Techie: Why the Liberal Arts Will Rule the Digital World）裡，特別談論了大家覺得沒有用的人文學科為什麼反而在這個數位時代更有用處。

同時，美國著名的財經暢銷作家兼記者喬治・安德斯（George Anders）也出了一本《你能成就所有事：「沒用的」人文教育的驚人力量》（You Can Do Anything: The Surprising Power of a "Useless" Liberal Arts Education）。這兩本書的核心理念都一樣，就是**在這個時代，人文出身的社會新鮮人比想像中的更有價值**。

人文學科到底能幹什麼？這幾年在西方商業世界引發熱烈的討論。人文科學本質就是在研究「人」，從個人到群體，衍伸出了文學、歷史學、社會學、心理學、人類學等等學科，這些學科的根本都只是從不同面向探悉「人」是什麼，他們在幹嘛，而又為什麼會有這些思維、行為出現。

同樣的，從事商業行為，與一群活生生的人應對——這群人變化萬千，有著各種的樣貌。理解人的過程，往往不是在打吃角子老虎機，可以直接拆開別人的大腦，研究怎麼回事。而塑造各國人民不同習性的，就是他的背景文化。要剖析這些人腦子在想什麼，怎樣能賣東西給他們，除了用經濟的模型外，人文學科的思維也是很重要的。

那薪水的問題呢？

可是在台灣，人文出身薪水低是事實，再怎樣會詭辯都抵不過事實，說人文對商業跟科技時代來說很重要，只是在自慰。

其實，我們可以先把看看幾個科技業大咖，想想他們怎麼辦到的：阿里巴巴的馬雲主修英語、YouTube的蘇珊．沃西基主修歷史與文學、Airbnb的布萊恩．切斯基主修美術。這些人大學時都沒學到所在產業的技術，為什麼能成就這些科技巨頭公司呢？

創辦中國最大共享單車——摩拜單車的胡瑋煒，他原是新聞系畢業的記者，沒有任何互聯網技術（也不需要有），只是看到人們需求，想到這個模式，進而找到金主投資，組成團隊而已。

寫《文青與理工宅》的斯科特・哈特利就表示，過去獨尊理工的思維，在這個時代反而大錯特錯，隨著大數據跟人工智能的發展，科技業的入門門檻逐漸降低，很多技術問題已經不用勞動人來「親自」解決。

更別提今天想要開展程設專案的人，甚至不需要請一個厲害的工程師，任何一個國中生可能都可以運用 GitHub 原始碼代管公司以及程式問答網站 Stack Overview，展開程式設計專案。

在過去，我們信奉著「未來要申請什麼職業，就學習什麼學科」這種既有思維，但這樣是把人塑造成「工具」。隨著數位時代不斷發展，擁有技能反而容易被未來科技取代，這時「問對問題，找到問題，解決問題」才是最重要的能力。而這些必須回到最根本的一個議題，就是「以人為本」的人文思維。

斯科特・哈特利說：「人文學科教導許多嚴謹的調查與分析方法，像是田野調查與訪談，這種方式之於那些理工背景的人，不見得都能運用自如。」他認為，學習技能的本身，遠不如有對的思維、找到問題與解答來得重要。

讀什麼就做什麼？

回到剛剛的議題，一定有人會說，事實就是文史哲畢業薪水不高，理工科系很多人可以到 40K 甚至更高。這我完全承認，而且老實說，如果你在校只有學過中國通史、倫理學、訓詁學這些科目，企業主的確很難拿出高薪聘請你，畢竟這些專業很難有直接有產值，不如一個設備工程師可以幫我維護賺錢的機器。

真正的人文學科優勢，不是學校教授的學科的本身。如果你畢業除了一張優異的人文成績單以外，啥也沒有帶出校園，那老實說不管你讀什麼科系，都很難好的出路。既然人文訓練人看到問題、解決問題的能力，你現在就應該看到問題的核心，就是**怎樣透過大學四年裝備自己，成為對企業來說有價值的人**。

你不應該問人文學科畢業能做直接什麼，這代表你對自己生涯沒有想像。反而要思考你到底想做什麼，又如何透過你現有的能力和資源達成目標。

會有「讀人文不知要幹嘛」的問題，通常就是陷入一種迷思，認為大學讀什麼，未來就必定要從事相關專業，這其實是很大的誤解。中文系的不一定很會寫文章、體育系也不代表各個都是肌肉男。讀什麼科系，只代表一件事情，就是「你的大學課表可能會長怎樣」。讀人文不代表你只能當文青，跟其他技能絕緣。

如果你想走商業，當一個業務，那應該思考的是以目前來說你還缺什麼能力。沒有人說歷史系、中文系不能當業務，只是光一張人文學科的畢業證書真的比不上行銷畢業的，因為人家不知道你有這種能力。如果你還缺商業能力，那試著去修這些課程補強，或者參加一些商業競賽，證明你的企畫能力。

從「我想做什麼」的角度思考

我再度強調：人文學科出身，不會是你職業生涯的限制，過去對大學科系與職涯直接關聯的錯誤觀念才是。我自己是歷史系出身，畢業後曾經在公部門工作一陣子，邊準備考高考，後來發現那不是我想要的，而我最想要的，是能到海外工作。於是，我評估自己的情況，知道自己最缺的是外語能力和經貿知識。

接下來，我不斷加強進修這兩塊，多益考出九百多分，證明自己的外語能力，也考到一些其他證照、參加過一些商業企畫競賽獲獎，最後錄取了不只一個科技業外派的職缺。

工作到現在，我更認定自己歷史系的背景，讓我相較於純商學出身的同仁更有優勢。過去歷史系的訓練，讓我在資訊搜尋與歸納、文字表述以及因果論證方面都更得心應手，成果尤其常反映在報告撰寫上。

但回過頭來，如果我只有歷史系畢業，光憑著「人文思維」，我不可能就有今天的機會跟際遇，所以絕對要不斷的加強自己。比如你英語如果到商務溝通等級，又學一個第二外語，那相信機會不會比商科畢業生少。

但如果你沒有因此思考自己真正想要的未來，只想「用專業定出路」，那你反而會失去很多可能，在求職上成為被動的被選擇者。

如果你還是學生，你應該就要開始描繪自己夢想的藍圖，思考到底想做什麼，然後開始透過學校的資源不斷自我提升，為自己鋪路。如果你已經畢業了，也不要怕，勇敢投資自己，我很多同學都是靠畢業後的職業訓練找到完全不同領域的工作。

讀文史哲的你，應該要擺脫「讀人文能做什麼？」的困惑，而要思考「我想做什麼，我要如何透過讀人文學科的優勢達到？」把自己人生當成一局棋，現在就開始布局。

國家圖書館出版品預行編目資料

別讓世界定義你：用5個新眼光開始企畫屬於你的勝利人生 / 何則文著. -- 初版. -- 臺北市：遠流, 2018.11
面； 公分
ISBN 978-957-32-8379-9(平裝)

1.職場成功法 2.自我實現 3.生活指導

494.35 107017297

別讓世界定義你：用 5 個新眼光開始企畫屬於你的勝利人生

DEFINE YOURSELF BEFORE THIS WORLD DOES IT FOR YOU:
5 Important Things You Need to Do to Take Yourself to the Next Level.

作　　者 何則文
責任編輯 陳希林
行銷企畫 許凱鈞
封面設計 兒日
內文構成 6宅貓

發行人 王榮文
出版發行 遠流出版事業股份有限公司
地址 臺北市南昌路2段81號6樓
客服電話 02-2392-6899
傳真 02-2392-6658
郵撥 0189456-1
著作權顧問 蕭雄淋律師

2018年12月01日 初版一刷
定價 平裝新台幣320元（如有缺頁或破損，請寄回更換）

ISBN 978-957-32-8379-9
YLib 遠流博識網 http://www.ylib.com E-mail: ylib@ylib.com
